Veröffentlichungen der Turbinentechnischen Gesellschaft E. V.

II.

Zur Theorie der Zentrifugalpumpen

von

Professor J. Bartl

Graz

Mit 13 Abbildungen

Sonderabdruck aus der Zeitschrift „Die Turbine“
VI. Jahrg. 1909 10, Heft XIV, XVI, XVII und XIX.

BERLIN W.
Verlag von M. Krayn
1910

ROSENTHAL & Co., BERLIN S O., RUNGESTR. 20

VORWORT

Die Wasserlieferung erfolgt durch eine Zentrifugalpumpe nicht immer anstandslos; sie ist häufiger Störungen unterworfen, als dies bei Kolbenpumpen der Fall ist. Unter gewissen Umständen hört trotz Fortdrehung des Rades die Wasserbewegung auf: „Das Wasser schnappt ab". Bei Wiederingangsetzung der gefüllten Pumpe läuft das Rad anfänglich leer um; erst, wenn die Geschwindigkeit des Rades über einen gewissen Wert hinauswächst, gerät das Wasser wieder plötzlich in Bewegung.

Unter anderen Umständen, namentlich bei Steigerung der Radgeschwindigkeit entstehen in der Pumpe Geräusche, die von Erschütterungen, wohl auch von „Wasserschlägen" begleitet werden. — Es ist gewiss auch von praktischem Interesse, jene Umstände zu kennen, die zu solchen Vorkommnissen, von denen einige unerwünscht sind, führen, um dann den normalen Betrieb (Lieferung der normalen Wassermenge) von ihnen frei halten zu können.

Der Verfasser versucht es, diesen Vorgängen näherzutreten. Er hat so die eigentümliche Erscheinung des Abschnappens, das plötzliche Wiederangehen des Wassers, das Verhalten des Wassers in einem stabilen und in einem labilen Zustand, das Auftreten von Geräuschen und von Wasserschlägen zu erklären gesucht.

Auf Grund dieser Erkenntnisse ergibt sich auch eine erschöpfende Kritik der vorgekrümmten Schaufel im Vergleich mit der rückgekrümmten Schaufel.

Die erstgenannte lässt wohl eine langsamere Bewegung des Rades zu, doch verträgt sie keine so weitgehende Änderung der Radgeschwindigkeit als die zweite. Im Laufe der Abhandlung hat der Verfasser auch ein neues Verfahren angegeben, das sich wegen seiner Einfachheit und Anschaulichkeit zur Bestimmung der Schaufelform für eine neu zu entwerfende Pumpe empfehlen dürfte.

Weiter hat er noch den Spaltverlust und die Radseitenreibung behandelt und schliesslich auch die heute so vielfach angewendeten mehrstufigen Pumpen in betracht gezogen.

Graz, im Juli 1910

J. Bartl.

1. Die verwickelten Beziehungen zwischen den Bestimmungsgrößen einer Zentrifugalpumpe (den Abmessungen und Winkeln), den Geschwindigkeiten (des Wassers und des Rades) und der Steighöhe haben seit jeher anregend gewirkt: einerseits auf den Theoretiker, um Studien behufs Feststellung dieser Beziehungen anzustellen, andererseits auf den praktischen Ingenieur, um diesen Zusammenhang durch Versuche aufzusuchen. So sind sehr beachtenswerte Arbeiten von Herrmann, Zeuner, Grünebaum, Schütt, Biel, Blaeß, Kux, Reichel, Zerkowitz u. a.*) entstanden.

Wenn sich derartige theoretische Untersuchungen auch nur auf Grund gewisser Hypothesen anstellen lassen, die unter gewissen Bedingungen Vertrauen verdienen, so haben solche Studien doch den Wert, daß sie dem experimentierenden Ingenieur anzeigen, welche Beobachtungen anzustellen sind, um die Richtigkeit jener Hypothesen zu prüfen bezw. um neue zutreffende Annahmen aufzustellen.

Die schon lange in der Turbinentheorie angewandten Sätze der Hydraulik von Bernoulli, Borda, Grashof u. a. führen

*) Herrmann. Die graph. Theorie d. Turb. u. Kreiselräder (1887, S. 194).
Zeuner. Vorlesungen über Theorie der Turbinen (1899, S. 320).
Grünebaum. Zur Theorie der Zentrifugalpumpen (1905).
Schütt. Die Wirkungsgrade d. Ventilatoren u. Zentrifugalpumpen (Z. d. V. d. Ing. 1906 S. 1715, 1907 S. 342).
Biel. Die Wirkungsweise d. Zentrifugalpumpen u. Ventilatoren (Heft 42 der „Mitteilungen üb. Forschungsarbeiten", herausgeg. v. Ver. deutsch. Ing.; 1907).
Blaeß. Zur Theorie der Zentrifugalpumpen u. Ventilatoren (Z. f. d. ges. Turbinenwesen 1907, S. 470).
Kux. Wirkungsweise d. Kreiselpumpen (Z. d. V. d. Ing. 1907, S. 1274).
Reichel. Versuche an einer Zentrifugalpumpe (Z. f. d. ges. Turbinenwesen 1908, S. 101).
Zerkowitz. Beitrag z. Theorie d. Zentrifugalpumpen (Z. d. öst. Ing.- u. Arch.-Vereins, 1909, Die Turbine 1909, S. 45).

auf Schaulinien, die einen ähnlichen Verlauf zeigen wie die gelegentlich von Turbinen-Versuchen gefundenen Linien*). Es ist naheliegend, zu versuchen, diese Sätze auch auf die Theorie der Zentrifugalpumpen anzuwenden. Das soll auch in der folgenden Abhandlung geschehen. Zunächst soll da der Zusammenhang der Wassergeschwindigkeiten mit der Radgeschwindigkeit, mit der Radarbeit und mit dem Wirkungsgrad bei konstantbleibender Steighöhe bestimmt werden. Später soll auch der Zusammenhang dieser Größen bei konstantbleibender Umlaufzahl des Rades ausgemittelt werden. Die Untersuchung wird aber auch auf die Bestimmung der Pressungshöhen an bemerkenswerten Stellen der Pumpe ausgedehnt werden; dadurch ergibt sich ein Anhalt für die Vorausbestimmung jener Fälle, in denen sich eine Hohlraumbildung („Cavitation“) einstellt, welche lästige Geräusche verursacht und auch gefährliche Wasserschläge zur Folge haben kann. Schließlich wird eine eingehende Kritik der vorgekrümmten Schaufel, für die von mancher Seite die kleinere Umlaufzahl als bemerkenswerter Vorteil vorgebracht wird, angestellt werden können. Im Laufe der Abhandlung wird auch ein einfaches Verfahren (rechnerisch und zeichnerisch) zur Ausmittelung einer neu zu entwerfenden Zentrifugalpumpe angegeben.

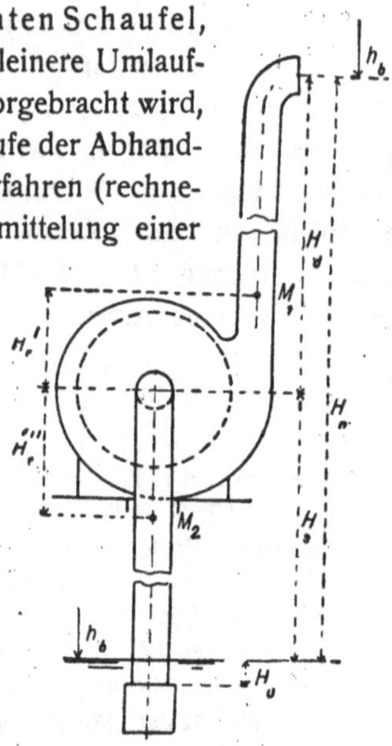
Fig. 1.

2. *Geschwindigkeits-Verhältnisse bei stossfreiem Betrieb.* Fig. 1 zeigt die schematische Darstellung einer Pumpenlage; Fig. 2 zeigt die Geschwindigkeitsparallelogramme für den stoßfreien Betrieb; Fig. 3 die betreffenden Parallelogramme für einen davon abweichenden Betrieb und zwar für den Eintritt in das Rad bezw. für den Austritt aus dem Rad. Für alle Wasserfäden seien starre Schaufelführungen nach der Bahn des mittleren Wasserfadens angenommen und ge-

*) Bartl. Das Verhalten der Turbine bei verschiedener Belastung (Zeitschrift des österreichischen Ing.- und Arch.-Vereins 1908 und Die Turbine 1909, S. 197).

dacht, daß so die Stoßwirkung immer nur zwischen Wasserteilchen und den starren Schaufeln, aber nicht zwischen den Wasserteilchen selbst erfolge. Behufs genauer Führung des Wassers beim Übertritt desselben aus dem Saugraum in das Rad sei ein innerer Leitapparat mit radial gestellten Schaufeln vorausgesetzt*). Das Parallelogramm der Geschwindigkeiten ist für den Eintritt ins Rad in Fig. 2 in $\mathrm{I}\mathfrak{u}_1\mathfrak{c}_1\mathfrak{w}_1$ angegeben.

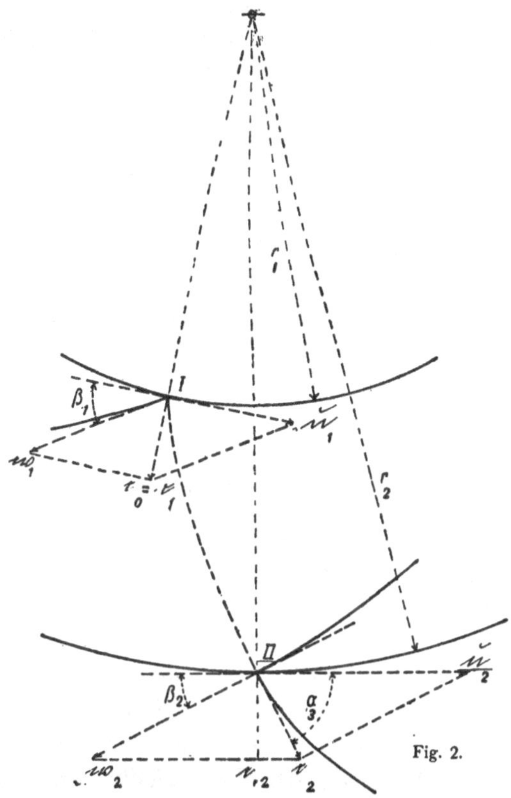

Fig. 2.

$\mathrm{I}\mathfrak{c}_1$ ist die absolute Wassergeschwindigkeit und $\mathrm{I}\mathfrak{w}_1$ die relative Wassergeschwindigkeit; weil diese die Radschaufel berührt, ist daselbst der Stoß vermieden. I II sei die Bahn der absoluten

*) Zumeist fehlt der innere Leitapparat; doch soll für die später entworfene Zentrifugalpumpe ein solcher angenommen werden etwa mit der Einrichtung, die in Fig. 7 dargestellt ist. Für den häufig vorkommenden Fall der beim Eintritt in das Rad schiefgerichteten Schaufelkanten würden sich die Verhältnisse anders als bei radialgerichtetem Eintritt ergeben, und würde sich eine andere Hauptgleichung entwickeln.

Wasserbewegung durch den Schaufelraum; beim Austritt in II ergeben sich dann die Geschwindigkeiten nach den Strecken des Parallelogramms $IIu_2c_2w_2$. IIu_2 ist daselbst die Radgeschwindigkeit, IIw_2 die relative Austrittsgeschwindigkeit des Wassers; ihre Richtung stimmt mit der letzten Tangente an der Schaufellinie überein. Endlich ist IIc_2 die absolute Austrittsgeschwindigkeit, die mit der Tangente der absoluten Bahn gleichgerichtet ist. Es sei ein das Rad umfassender äußerer Leitapparat angeordnet; soll nun auch hier beim Übertritt des Wassers in den Leitapparat der Stoß vermieden sein, dann muß die erste Tangente an der Leitschaufel mit der Richtung IIc_2 übereinstimmen.

Für den stoßfreien Eintritt in das Rad gilt

$$u_1 = c_0 \cdot \cot \beta_1$$

und für den stoßfreien Übertritt aus dem Rad in den äußeren Leitapparat gilt

$$u_2 = c_{r_2}(\cot \beta_2 + \cot \alpha_3)$$

Wegen $u_1 : u_2 = r_1 : r_2$ rechnet sich also für den stoßfreien Betrieb

$$\frac{r_2}{r_1} \cdot \frac{c_0}{c_{r_2}} \cdot \cot \beta_1 = \cot \beta_2 + \cot \alpha_3 \qquad 1$$

Für den speziellen Fall $c_0 = c_{r_2}$ lautet die Beziehung zwischen den Winkeln

$$\frac{r_2}{r_1} \cdot \cot \beta_1 = \cot \beta_2 + \cot \alpha_3 \qquad 1'$$

3. *Geschwindigkeitsverhältnisse bei beliebigem Betrieb.* Bei einer anderen Radgeschwindigkeit (innen u_1 und außen u_2) wird sich eine andere Wassergeschwindigkeit c_0 beim Eintritt einstellen. Das Parallelogramm der Geschwindigkeiten vor dem Eintritt ist in Fig. 3 in $Iu_1c_0w_0$ dargestellt. Wegen des Abweichens der relativen Geschwindigkeit Iw_0 von der Tangente Ix_1 an die Radschaufel entsteht jetzt ein Stoß und damit eine plötzliche Änderung der Geschwindigkeiten. Von den beiden Komponenten der Geschwindigkeit Iw_0, nämlich von Ix_1 und x_1w_0 kann die zweite, die senkrecht zu It ist, nicht zur Geltung kommen; sie verschwindet, wodurch für jedes Kilogramm Wasser ein Energieverlust in der Höhe von $\frac{\overline{x_1w_0}^2}{2g}$ entsteht. Die erste Komponente Ix_1 reduziert sich sofort auf die kleinere Geschwindigkeit Iw_1, für welche die radiale Komponente so groß ist wie die radiale Komponente vor dem Stoß, wenn im Leitapparat und im Rad gleichgroße freie Durchflußflächen bestehen, was behufs Vereinfachung der Entwickelung angenommen werden soll. Wegen der Herab-

setzung der Tangentialgeschwindigkeit von Ix_1 auf Iw_1 entsteht ein Energieverlust wie in einer geraden Rohrleitung bei plötzlicher Erweiterung; nach **Borda** ist dieser Verlust $\frac{\overline{w_1x_1}^2}{2g}$. Der Gesamtverlust beim Eintritt beträgt also

$$\frac{1}{2g}\left(\overline{x_1w_0}^2 + \overline{w_1x_1}^2\right) = \frac{\overline{w_1w_0}^2}{2g} = \frac{\sigma_1^2}{2g},$$

wenn die Geschwindigkeitsstrecke w_1w_0 durch σ_1 ausgedrückt wird. Nach dem Stoß gilt also das Geschwindigkeitsparallelogramm $Iu_1c_1w_1$; die Abweichung c_1c_0 ist gleich $w_1w_0 = \sigma_1$.

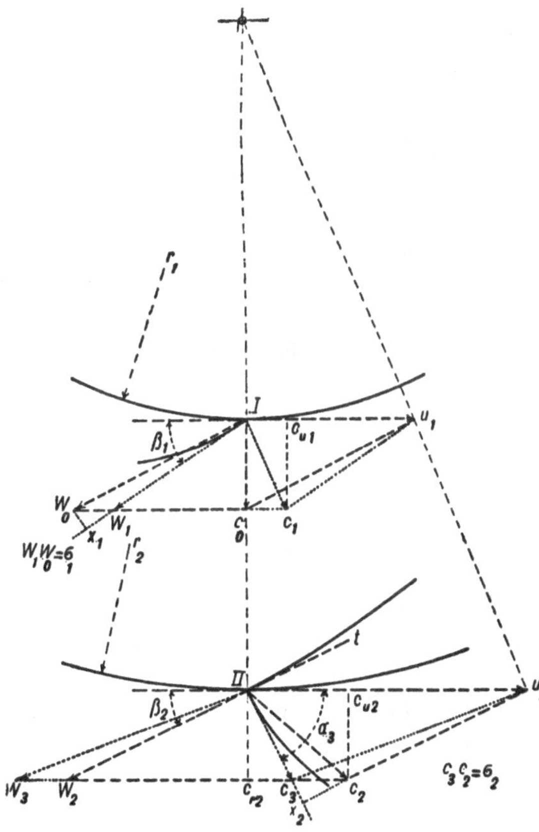

Fig. 3.

Beim Austritt II aus dem Rad (Fig. 3) hat das Wasser die relative Geschwindigkeit w_2 in der Richtung $t\mathrm{II}w_2$ der letzten Radschaufeltangente. Ihre Größe ergibt sich aus dem Austrittsparallelogramm, dessen radialgerichtete Höhe c_{r_2} mit der radialgerichteten Höhe des Eintrittsparallelogramms durch die Beziehung $c_{r_2} F_2 = c_0 F_1$ zusammenhängt, worin mit F_1 und F_2 die freien Durchflußflächen im Eintrittsmantel und Austrittsmantel bezeichnet werden. Das über IIw_2 und IIu_2 errichtete Parallelogramm II$u_2 c_2 w_2$ gilt für den Bewegungszustand v o r d e m A u s t r i t t aus dem Rad. Beim Übertritt des Wassers in den äußeren Leitapparat entsteht also jetzt ein Stoß und dabei plötzlich eine Änderung der Wassergeschwindigkeit, weil c_2 mit der Tangente IIx_2 an die Leitschaufel nicht zusammenfällt. Die Geschwindigkeit c_2 hat die beiden Komponenten IIx_2 und $x_2 c_2$. Die letztere Komponente verschwindet aus demselben Grunde, dessentwegen beim Eintritt $x w_0$ weggefallen ist. Aber auch die erste Komponente IIx_2 verbleibt nicht; die Tangentialgeschwindigkeit kann sich nur in der Größe IIc_3 ergeben, wenn die Durchflußflächen im Austrittsumfang des Rades und im Eintrittsumfang des Leitapparates gleichgroß sind, somit die radialgerichtete Wassergeschwindigkeits-Komponente während des Übertritts keine Änderung erfährt. Das über IIu_2 und IIc_3 gezeichnete Parallelogramm II$u_2 c_3 w_3$ gilt also für den Bewegungszustand nach dem Eintritt in den äußeren Leitapparat. Der Gesamtverlust beim Übertritt des Wassers aus dem Rade in den Leitapparat beträgt somit

$$\frac{\overline{c_3 c_2}^2}{2g} = \frac{\sigma_2^2}{2g},$$

wenn die Geschwindigkeitsstrecke $\overline{c_3 c_2} = \overline{w_3 w_2}$ mit σ_2 bezeichnet wird.

4. *Hauptgleichung zwischen u_2, c_0, H_n.* Außer den erwähnten Verlusten $\frac{\sigma_1^2}{2g}$ und $\frac{\sigma_2^2}{2g}$, die mit H_{v_1} bezw. H_{v_2} bezeichnet seien, sind noch andere hydraulische Verluste zu berücksichtigen. So bei der Bewegung des Wassers durch den Seiher, durch das Fußventil und durch das Saugrohr bis zum Eintritt in das Rad . . . . $\zeta_s \cdot \frac{c_s^2}{2g}$

dann bei der Bewegung des Wassers in den Radzellen . . . . $\zeta_r \cdot \frac{w_2^2}{2g}$

dann bei der Bewegung des Wassers vom Eintritt in den äußeren Leitapparat, durch denselben und durch den Gehäuseraum bis zum Steigrohr (Beginn der gleichmäßigen Rohrweite) . . . . . . $\zeta_l \cdot \frac{c_3^2}{2g}$

schließlich bei der Bewegung des Wassers im Steigrohr bis zu dessen Mündung . . . . $\zeta_d \cdot \frac{c_d^2}{2g}$

w_2 und c_3 bedeuten die bekannten Geschwindigkeiten beim Austritt, c_s und c_d sind die Geschwindigkeiten in der Saug- bezw. Druckleitung, ζ_s ζ_r ζ_l ζ_d sind Widerstandskoeffizienten. Die einzelnen Ausdrücke bedeuten die Widerstandshöhen in Metern, aber auch die Arbeitsverluste für jedes Kilogramm Wasser in Meterkilogramm.

Von der vom Rad auf das Wasser übertragenen Energie $H_A{}'$ (beim Eintritt des Wassers in das Rad) und $H_A{}''$ (während des Durchganges des Wassers durch das Rad) gehen die oben erwähnter Beträge verloren. Der Rest (zumeist weit größer als die Verluste) muß hinreichen, die Erhebung des Wassers vom Niveau des Saugbehälters bis zur Steigrohrmündung zu bewirken und dem Wasser daselbst noch die Arbeitsgeschwindigkeit c_d zu sichern. Werden die Saughöhe und die Druckhöhe mit H_s bezw. H_d bezeichnet — ihre Summe gibt die ganze Steighöhe H_n — so läßt sich die Hauptgleichung in der allgemeinsten Form so ausdrücken:

$$(H_A{}' + H_A{}'') = (H_s + H_d) + (H_{v_1} + H_{v_2}) + \left(\zeta_s \cdot \frac{c_s^2}{2g} + \right.$$

$$\left. + \zeta_r \frac{w_2^2}{2g} + \zeta_l \frac{c_3^2}{2g} + \zeta_d \cdot \frac{c_d^2}{2g}\right) + \frac{c_a^2}{2g} \qquad 2$$

Bekanntlich lassen sich die Arbeitshöhen $H_A{}'$ und $H_A{}''$ ausdrücken:

$$H_A{}' = \frac{1}{g} u_1 (c_{u_1} - c_{u_0}) \text{ und } H_A{}'' = \frac{1}{g} (u_2 \cdot c_{u_2} - u_1 c_{u_1});$$

hierin bedeuten c_{u_0} c_{u_1} c_{u_2} die Tangentialkomponenten der absoluten Geschwindigkeit vor und nach dem Eintritt in das Rad bezw. vor dem Austritt aus dem Rad in der Richtung der Radgeschwindigkeiten u_1 bezw. u_2. Wegen der radialen Zuführung des Wassers zum Rad ist $c_{u_0} = 0$, also ist

$$H_A{}' = \frac{1}{g} u_1 c_{u_1} \text{ und } H_A{}'' = \frac{1}{g} (u_2 c_{u_2} - u_1 c_{u_1}) \qquad 3$$

und die ganze Arbeitshöhe $H_A = H_A{}' + H_A{}''$

$$H_A = \frac{1}{g} u_2 c_{u_2} \qquad 3'$$

Behufs Vereinfachung der mathematischen Entwickelung seien die maßgebenden Durchflußquerschnitte gleichgroß gewählt, sodaß dann auch die betreffenden Durchflußgeschwindigkeiten gleichgroß sind: $c_s = c_0 = c_{r_2} = c_d = c_a$

Für jede dieser Geschwindigkeiten kann also c_0 gesetzt werden. Aus Fig. 3 folgt zunächst $c_{u_2} = u_2 - c_{r_2} \cot \beta_2$, somit ist dann

$$H_A = \frac{1}{g} u_2 (u_2 - c_0 \cot \beta_2) \qquad 3''$$

Die Verlusthöhen H_{v_1} und H_{v_2} rechnen sich aus σ_1 und σ_2:

$$\sigma_1 = (u_1 - c_0 \cot \beta_1) \text{ und } \sigma_2 = (u_2 - c_n \cot \beta_2) - c_{r_2} \cot \alpha_3$$

mit $c_{r_2} = c_0$:

$$\left.\begin{aligned} H_{v_1} &= \frac{1}{2g}(u_1 - c_0 \cot \beta_1)^2 \\ H_{v_2} &= \frac{1}{2g}(u_2 - c_0 \cot \beta_2 - c_0 \cot \alpha_3)^2 \end{aligned}\right\} \qquad 4$$

Für die Zusammenfassung der anderen hydraulischen Verluste seien w_2 und c_3 auch durch c_0 ausgedrückt. Es ist nämlich:

$$w_2 = \frac{c_{r_2}}{\sin \beta^2} \text{ und } c_3 = \frac{c_{r_2}}{\sin \alpha_3}.$$

Somit wird die Summe der Verluste

$$\left(\zeta_s + \zeta_r \cdot \frac{1}{\sin^2 \beta_2} + \zeta_l \cdot \frac{1}{\sin^2 \alpha_3} + \zeta_d\right)\frac{c_0^2}{2g} = \zeta_\Sigma \cdot \frac{c_0^2}{2g} \qquad 5$$

Weil $\frac{1}{\sin^2 \beta_2} = 1 + \cot^2 \beta_2$ und $\frac{1}{\sin^2 \alpha_3} = 1 + \cot^2 \alpha_3$ ist, wird auch

$$\zeta_\Sigma \cdot \frac{c_0^2}{2g} = \left(\zeta_s + \zeta_r + \zeta_l + \zeta_d + \zeta_r \cot^2 \beta_2 + \zeta_l \cot^2 \alpha_3\right) \cdot \frac{c_0^2}{2g} \qquad 5'$$

Werden die Ausdrücke der Gleichungen 3″ 4 5′ in die Hauptgleichung 2 eingesetzt und diese dann geordnet, dann ergibt sich die neue Form dieser Gleichung in

$$A c_0^2 - 2 B u_2 c_0 - C u_2^2 + 2 g H_n = 0 \qquad 6$$

worin die Buchstaben *A B C* folgende Bedeutung haben:

$$\left.\begin{aligned} A &= \left(1 + \frac{r_2^2}{r_1^2}\right)\cot^2 \beta_1 + \zeta_\Sigma + 1 \\ B &= \left(\frac{r_1}{r_2} + \frac{r_2}{r_1}\right)\cot \beta_1 - \cot \beta_2 \\ C &= \left(1 - \frac{r_1^2}{r_2^2}\right) \end{aligned}\right\} \qquad 6'$$

Der Zusammenhang der Größen u_2 und c_0 ist in Fig. 4 für eine bestimmte Steighöhe H_n veranschaulicht. u_2 ist längs der Abszissenachse, c_0 parallel zur Ordinatenachse aufgetragen.

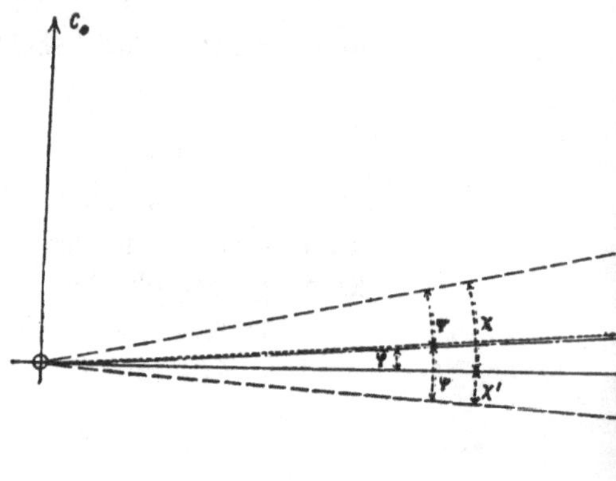

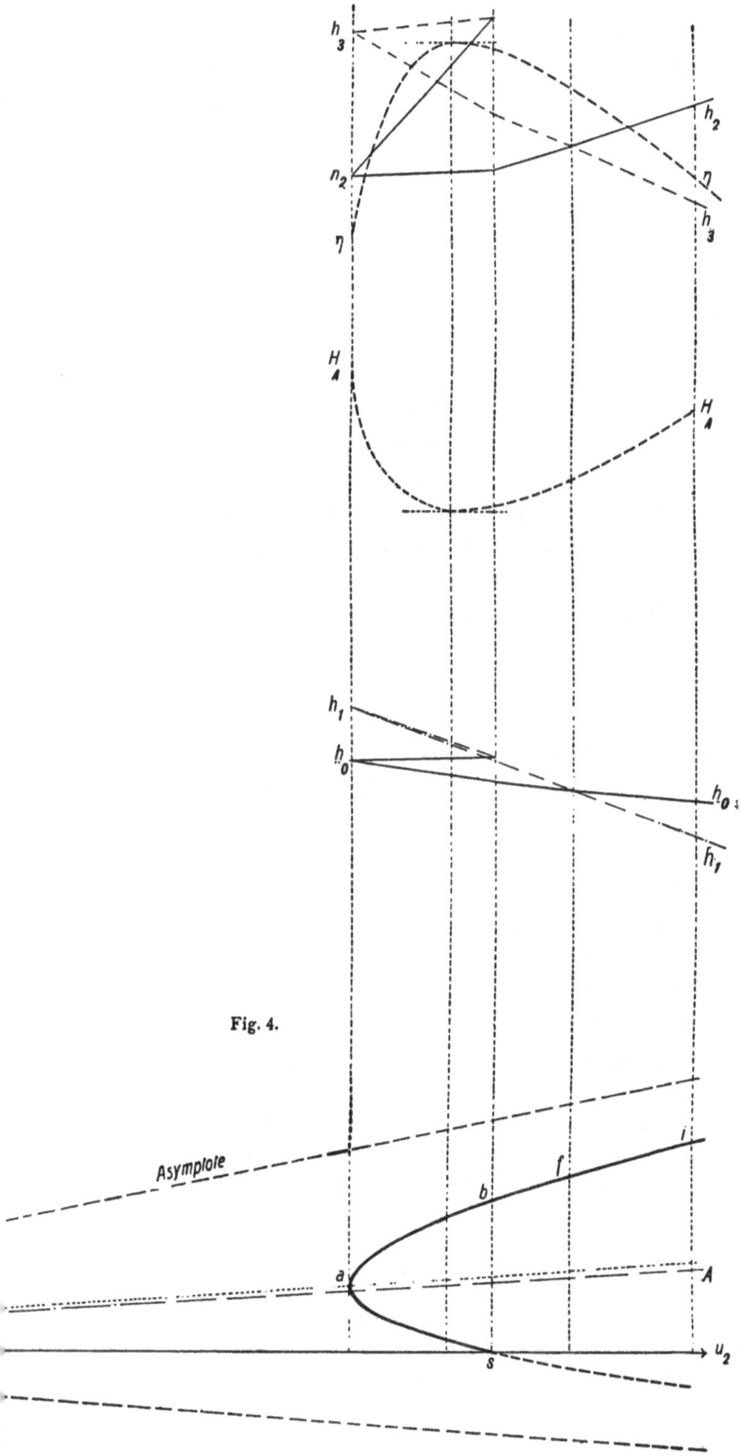

Fig. 4.

Bei näherer Untersuchung zeigt sich die Schaulinie als ein Hyperbel*). Die Wassergeschwindigkeit c_0, die sich bei einer bestimmten Radgeschwindigkeit einstellt, ergibt sich aus der Gleichung 6 mit

$$c_0 = \frac{B}{A} u_2 \pm \sqrt{\left(\frac{B^2}{A^2} + \frac{C}{A}\right) \cdot u_2^2 - \frac{2gH_n}{A}} \qquad 7$$

Für einen vorgeschriebenen Wert des Verhältnisses $\frac{u_2}{c_0} = \mathfrak{v}$ rechnet sich

$$c_0 = \sqrt{\frac{2gH_n}{-A + 2B\mathfrak{v} + C\mathfrak{v}^2}} \text{ und } u_2 = \mathfrak{v} c_0 \qquad 7'$$

In Fig. 4 ist die Hyperbel gezeichnet. Die Punkte *a s b f* bedeuten gewiße charakteristische Zustände des Wassers. Für $u_2 < u_{2a}$ gibt es keinen Beharrungszustand der Wasserbewegung; die Gleichung 7 gibt für $u_2 = u_{2a}$ gerade nur einen Wert für c_0, die Wurzelgröße ist hiefür $= 0$. Für $u_2 > u_{2a}$ und $< u_{2s}$ gibt die Gleichung zwei positive Werte für c_0. Der Fall *s* trifft zu für $c_0 = 0$, wenn also der Gesamtausdruck in der Gleichung mit dem negativen Zwischenzeichen $= 0$ wird. Für $u_2 > u_{2s}$ gibt es für c_0 einen positiven und einen negativen Wert; für die Pumpe hat natürlich nur der positive Wert eine Bedeutung.

Der Zustand *a* entspricht der kleinsten Radgeschwindigkeit, bei der ein Beharrungszustand in der Wasserbewegung noch bestehen kann; bei einer Verlangsamung der Bewegung, und selbst wenn die Radgeschwindigkeit um sehr wenig abgenommen hat, „schnappt das Wasser ab“, d. h. die Wasserbewegung hört in den Rohrleitungen und im Gehäuse auf, nur das zwischen den Radschaufeln befindliche Wasser macht noch die Radbewegung mit; wegen des Fußventils am unteren Ende des Saugrohres hält sich aber das Wasser bis zur oberen Mündung des Steigrohres. Soll das so stehende Wasser wieder

*) Es besteht nämlich die hierfür charakteristische Beziehung: $(-C)A - (-B)^2 < 0$. Der Winkel der reellen Hyperbelachse gegen die Abzissenachse φ rechnet sich aus $\operatorname{tg} 2\varphi = \frac{2B}{A+C}$. Die halbe reelle Achse ist $a = \sqrt{\frac{2gHn}{B \sin 2\varphi - A \sin^2\varphi + C \cos^2\varphi}}$ und die halbe imaginäre Achse ist $b = \sqrt{\frac{2gHn}{B \sin 2\varphi + A \cos^2\varphi - C \sin^2\varphi}}$. Der halbe Asymptotenwinkel ψ ergibt sich aus $\operatorname{tg} \psi = \frac{b}{a}$. – Zeuner gibt die Schaulinie zwischen u_2 und c_0 auch schon als Hyperbel, doch sind die Konstanten *ABC* etwas anders gebaut. (Vorles. üb. Theorie d. Turbinen 1899 S. 336).

in Bewegung gesetzt werden, dann muß die Radgeschwindigkeit gesteigert werden bis zum Wert u_{2s} (Zustand *s*), wo das Wasser gerade noch steht, um dann bei einer kleinen Zunahme der Radgeschwindigkeit in Bewegung zu geraten; es befindet sich also in diesem Zustand *s* „schwebend". Alle Zustände der unteren Linie *as* haben einen labialen, alle Zustände der oberen Linie *abfi* haben einen stabilen Charakter. Das soll durch folgende Auseinandersetzung eingehend erläutert werden.

5. *Stabile und labiale Beharrungszustände.* Zwischen den Zuständen *a* und *b* (Fig. 5) werde der Zustand *z* angenommen. Die Radgeschwindigkeit ist durch *Ou*, die Wassergeschwindigkeit durch *uz* dargestellt. Nun werde für kurze Zeit die Wassergeschwindigkeit gesteigert. Das kann auf zweifache Art geschehen: 1. indem eine etwa in der Steigleitung angebrachte zum Teil geöffnete Absperrvorrichtung für kurze Zeit weiter aufgemacht und dann wieder wie früher eingestellt wird; oder 2. indem für kurze Zeit die Radgeschwindigkeit gesteigert und hierauf wieder auf den anfänglichen Wert zurückgebracht wird. Bei der anfänglichen Radgeschwindigkeit kann aber die größere Wassergeschwindigkeit *uw'* nicht bestehen bleiben, weil für diese wegen *uw'* = *u'w'* die Radgeschwindigkeit *Ou'* herrschen müßte. Für die neue Wassergeschwindigkeit *uw'* ist also die gerade herrschende Radgeschwindigkeit *Ou* zu klein; die Wasserpressung am äußeren Radumfang nimmt deshalb um den Höhenbetrag $\frac{1}{2g}(\overline{Ou'}^2 - \overline{Ou}^2)$ ab. Das hat aber eine Abnahme der Wassergeschwindigkeit zur Folge, bis wieder der ursprüngliche Wert *uz* erreicht ist.

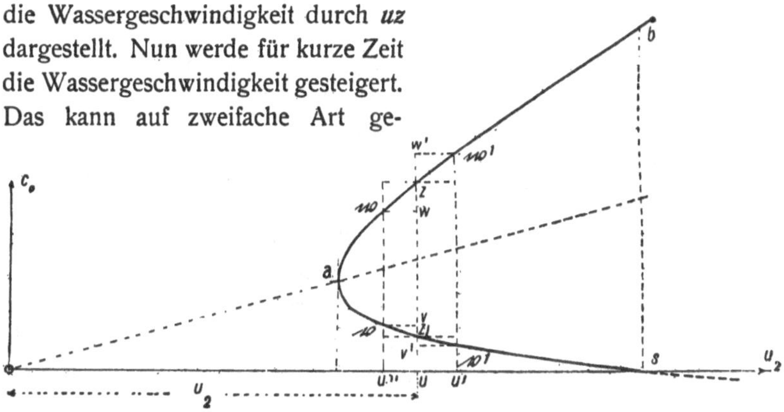

Fig. 5.

In ähnlicher Weise werde zeitweilig die Wassergeschwindigkeit etwa bis *uw* herabgesetzt. Das kann geschehen: 1. indem eine in der Steigleitung befindliche Absperrvorrichtung für kurze Zeit etwas mehr zugemacht und dann wieder wie früher eingestellt wird; oder 2. indem die Radgeschwindigkeit für kurze Zeit verringert und hierauf wieder auf den ursprünglichen Wert zurückgestellt wird. Bei der Radgeschwindigkeit Ou kann aber die neue Wassergeschwindigkeit uw nicht bestehen bleiben, denn dieser würde wegen $uw = u''\mathfrak{w}$ die kleinere Radgeschwindigkeit Ou'' zugehören; es ist also für die gerade herrschende Wassergeschwindigkeit uw die bestehende Radgeschwindigkeit Ou zu groß. Deshalb nimmt die Wasserpressung an äußeren Radumfang um den Höhenbetrag $\frac{1}{2g}(\overline{Ou}^2 - \overline{Ou''}^2)$ zu; dadurch erfährt das Wasser eine Beschleunigung, welche die Steigerung der Wassergeschwindigkeit bis zum ursprünglichen Wert bewirkt.

Nun werde zwischen den Zuständen a und s der Zustand z' angenommen; die Radgeschwindigkeit ist wieder durch Ou, die Wassergeschwindigkeit nur durch uz' dargestellt. Es werde die Wassergeschwindigkeit auf eine der oben erwähnten Arten auf den Wert uv gesteigert, die Radgeschwindigkeit aber gleich Ou gelassen. Der neuen Wassergeschwindigkeit würde wegen $uv = u''\mathfrak{v}$ die Radgeschwindigkeit Ou'' zugehören; die bestehende Radgeschwindigkeit Ou ist also zu groß, deshalb wird die Wasserpressung am äußeren Radumfang um den Höhenbetrag $\frac{1}{2g}(\overline{Ou}^2 - \overline{Ou''}^2)$ zunehmen, was eine Beschleunigung des Wassers zur Folge hat. Dem Wachsen der Wassergeschwindigkeit über uv hinauf entspricht aber eine weitere Zunahme der Wasserpressung, wie das Schaubild erkennen läßt; zwischen der Lotrechten $z'z$ und der Hyperbel $z'az$ besteht ein horizontaler Abstand, der bis zur Höhe von a wächst, dann darüber bis z allmählich abnimmt. Die Wassergeschwindigkeit wird also von uv mindestens bis uz wachsen. Vielleicht mag sie noch darüber hinaus etwas zunehmen; da aber — wie früher auseinandergesetzt wurde — dann wieder eine Pressungsabnahme entsteht, so würde die Geschwindigkeit bald wieder abnehmen und zum Werte uz zurückkehren, um dabei zu verharren (Beharrungszustand in z). Ein anderes Mal werde im Zustand z' die Wassergeschwindigkeit vom Wert uz' auf uv' herabgesetzt. Die Radgeschwindigkeit mag wieder Ou sein; dann wird die neue Wassergeschwindigkeit uv' nicht bestehen können, denn wegen

$uv' = u'\mathfrak{v}'$ gehört ihr die Radgeschwindigkeit Ou' zu; die bestehende Radgeschwindigkeit ist also für das Aufrechterhalten der Wassergeschwindigkeit uv' zu klein; somit wird deshalb die Wasserpressung am äußeren Umfang eine Abnahme um den Höhenbetrag $\frac{1}{2g}(\overline{Ou'}^2 - \overline{Ou}^2)$. Dadurch entsteht dann noch eine weitere Abnahme der Wassergeschwindigkeit. Mit dem weiteren Abnehmen der Geschwindigkeit unter uv' nimmt die Geschwindigkeitsdifferenz $v'\mathfrak{v}'$ zu, somit deshalb auch der Höhenbetrag. Die Wassergeschwindigkeit wird daher immerfort abnehmen, bis sie gleich Null ist, das Wasser kommt zum Stillstand (das Wasser schnappt ab).

Zusammengefaßt gilt also folgendes: Falls der Beharrungszustand z (im Hyperbelast *azbi*) eine Störung durch zeitweilige Veränderung der Wassergeschwindigkeit vom Werte uz auf einen größeren uw' oder einen kleineren uw erleidet, so wird bei gleicher Radgeschwindigkeit und bei gleichem Zustand in der Steigleitung wie im alten Beharrungszustand (bezüglich der Einstellung einer Absperrvorrichtung) die Wassergeschwindigkeit von selbst zum ursprünglichen Wert zurückkehren. Falls aber der Beharrungszustand z' (in Hyperbelast *az's*) eine Störung erfährt und die Ursache der Störung wieder aufhört, dann wird der weitere Verlauf verschieden sein, je nachdem die Störung in einer zeitweiligen Zunahme der Wassergeschwindigkeit oder in einer zeitweiligen Abnahme derselben bestand. Im ersten Fall wird die Wassergeschwindigkeit weiter wachsen bis zum Wert uz, bei dem sich erst ein neuer Beharrungszustand einstellen und erhalten wird. Im zweiten Fall (zeitweilige Abnahme der Wassergeschwindigkeit) wird das Wasser immer langsamer strömen, bis es bald zur Ruhe kommen wird (es schnappt ab).

Es ist also ersichtlich: Alle Zustände, deren Punkt im oberen Hyperbelast *azbi* gelegen ist, haben einen stabilen Charakter, dagegen haben alle Zustände, deren Punkte im unteren Hyperbelast *az's* liegen, einen labilen Charakter.*)

*) Für die stabilen Zustände gilt also, daß Radgeschwindigkeit und zugehörige Wassergeschwindigkeit gleichzeitig wachsen und abnehmen; bei den labilen Zuständen entspricht der wachsenden Radgeschwindigkeit eine Abnahme der zugehörigen Wassergeschwindigkeit und der abnehmenden Radgeschwindigkeit eine Zunahme der zugehörigen Wassergeschwindigkeit. Die Analogie mit dem Zentrifugalregulator ist auffällig. Im Bereich der stabilen Gleichgewichts-

Noch ein anderes Verhalten kann daraus gefolgert werden. Soll die Wassergeschwindigkeit einen anderen Wert für längere Zeit annehmen, der nicht sehr viel vom anfänglichen Wert abweicht, dann ist dies nur durchführbar, wenn der anfängliche Zustand ein stabiler war. So kann die Wassergeschwindigkeit vom anfänglichen Wert uz dauernd auf einen größeren Wert $u'\mathfrak{w}'$ oder auf einen kleineren Wert $u''\mathfrak{w}$ gebracht werden, wenn die Radgeschwindigkeit vom Wert Ou auf Ou' gesteigert bezw. Ou'' herabgesetzt und dann so belassen wird. War aber der anfängliche Zustand ein labiler (Zustand z'), so würde die Steigerung der Radgeschwindigkeit auf Ou' ein rasches Anwachsen der Wassergeschwindigkeit bis zum Wert $u'\mathfrak{w}'$ bewirken. Dagegen würde eine Abnahme der Radgeschwindigkeit auf Ou'' eine schnelle Abnahme der Wassergeschwindigkeit bis Null veranlassen.

6. Charakteristische Zustände (Grenzfall vor dem Abschnappen a, Schwebezustand s und Zustand b. Der Grenzfall a tritt ein bei der Geschwindigkeit des Rades u_{2a}, welche für die Wassergeschwindigkeit c_0 nur einen Wert gibt. In der Gleichung 7 für c_0 muß also die Wurzelgröße gleich Null werden; das geschieht für

$$u_{2a} = \sqrt{\frac{2\,gH_n}{\frac{B^2}{A} + C}} = \sqrt{2\,gH_n \cdot \frac{A}{B^2 + AC}} \qquad 8$$

dazu ergibt sich

$$c_{0a} = \frac{B}{A} \cdot u_{2a} \qquad 8'$$

also schließlich

$$c_{0a} = \sqrt{2\,gH_n \cdot \frac{B^2}{A(B^2 + AC)}} \qquad 8''$$

---

lagen eines Regulators kann ein gleichzeitiges Zunehmen oder Abnehmen der Höhe der Muffe über einer festen Grundfläche und der zugehörigen Gleichgewichtsgeschwindigkeit der Regulatorspindel festgestellt werden. Bei den labilen Lagen dagegen entspricht dem Zunehmen der Höhe der Muffe ein Abnehmen der Spindelgeschwindigkeit und dem Abnehmen der Muffenhöhe ein Zunehmen der Spindelgeschwindigkeit. — Auch Zeuner (Vorles. üb. Theorie d. Turbinen S. 338) spricht von einem labilen Zustand zwischen u_{2s} und u_{2a}; doch unterscheidet er nicht, daß der labile Zustand nur für die Punkte von a bis s, nicht aber auch für die zwischen a bis b besteht. Seine Behauptung, daß ein Beharrungszustand bei $u_2 < u_{2s}$ nicht bestehen kann, wurde von ihm durchaus nicht bewiesen. — Die Schaulinien zu den Versuchen von Davis & Harding („The Engineer", 25. Aug. 1909, S. 208) zeigen auch deutlich den hyperbelartigen Charakter.

Der Schwebezustand s der bis zur Steigrohrmündung stehenden Wassermasse tritt ein, wenn der Ausdruck für c_0 in Gleichung 7 mit dem Zeichen – vor der Wurzel gleich Null wird; also für

$$\left(\frac{B}{A}u_2\right)^2 = \left(\frac{B}{A}u_2\right)^2 + \frac{C}{A}u_2^2 - \frac{2gH_n}{A},$$

was auf

$$u_{2s} = \sqrt{\frac{2gH_n}{C}} = \sqrt{\frac{2gH_n}{1-\frac{r_1^2}{r_2^2}}} \qquad 9$$

führt.

Für den Fall b (Punkt b gerade über s) also für $u_{2b} = u_{2s}$ ist in der Formel für c_0 (Gleichung 7) das Zeichen + zu nehmen; es wird:

$$c_{0b} = 2\frac{B}{A}\cdot u_{2s} \qquad 10$$

Der Bruch $\frac{c_2}{u_2}$ hat die Bedeutung der trigonometrischen Tangente des Neigungswinkels des Polstrahles Oa, Ob usw.; diese Tangente ist also für den Strahl Ob zweimal so groß als für den Strahl Oa.*)

7. *Einfaches Verfahren zur Ausmittelung einer neuen Zentrifugalpumpe für eine vorgeschriebene Leistung*: Im normalen Betrieb ist eine Wassermenge von Q m³ auf eine Höhe von H_n m zu heben.

Die Wassergeschwindigkeit in der Rohrleitung c_s bezw.

---

*) Das entspricht einer bekannten Eigenschaft der Hyperbel. Oa fällt in jenen reellen Durchmesser, dessen konjugierter Durchmesser lotrecht gerichtet ist (parallel zur lotrechten Tangente an den Punkt a); eine parallel dazu gelegte Sehne sb wird von der Verlängerung des Strahles Oa in der Mitte getroffen. Die Asymptotenrichtungen findet man durch folgende Überlegung: Der Wert $\frac{c_0}{u_2}$ nimmt für alle Punkte bis zum unendlich fernen Punkt zu und erreicht dafür einen besonderen Wert, der sich leicht rechnet aus Gleichung 7: $\frac{c_0}{u_2} = \frac{B}{A} \pm \sqrt{\left(\frac{B^2}{A^2}+\frac{C}{A}\right) - \frac{2gH_n}{u_2^2 A}}$. Wegen $u_2 = \infty$ und $c_0 = \infty$ ergibt sich der Bruchwert: $\left(\frac{c_0}{u_2}\right)_\infty = \frac{B}{A} \pm \sqrt{\frac{B^2}{A^2}+\frac{C}{A}}$. Das obere Zeichen gibt tg χ für die obere Asymptote (Fig. 4). Das untere Zeichen gibt tg χ' für die untere Asymptote. Wegen der Bezeichnungen φ und ψ für den Neigungswinkel der Hyperbelachse zur Abszissenachse bezw. der Asymptoten zur reellen Achse (Anmerkung nach Gleichung 6′) gilt: $\chi = \varphi + \psi$ und $\chi' = \varphi - \psi$ (negativ).

c_d werde passend gewählt zwischen 1,0 m bis 2,5 m. Dann rechnen sich die Rohrdurchmesser aus:

$$d_s = \sqrt{\frac{4}{\pi} \cdot \frac{Q}{c_s}} \text{ und } d_d = \sqrt{\frac{4}{\pi} \cdot \frac{Q}{c_d}} \qquad 11$$

Der Radhalbmesser r_1 an dem Eintrittsumfang wird 0,5 bis 0,6 vom Rohrdurchmesser genommen; der Radhalbmesser r_2 an dem Austrittsumfang wird nun nach der empirischen Beziehung $\frac{r_2}{r_1} = 1{,}5$ bis 3,5 (zumeist 2,0 bis 2,5) gerechnet. Die Achsialweiten des Rades, innen und außen, b_1 bezw. b_2 werden nach den Annahmen passender Schaufelzahlen und Schaufelstärken so festgelegt, daß die radial gerichteten Komponenten der Wassergeschwindigkeit c_0 bezw. c_{r2} gleich der Geschwindigkeit im Saugrohr c_s oder doch wenig verschieden davon sind. Es bleibt also nur noch die Festlegung der Radgeschwindigkeit und der davon abhängigen Schaufelform.*)

Zunächst wird die Radgeschwindigkeit u_{2s} des Schwebezustandes gerechnet aus der Gleichung 9

$$u_{2s} = \sqrt{\frac{2\,gH_n}{1 - \frac{r_1^2}{r_2}}}$$

Danach wird die normale Geschwindigkeit für den stoßfreien Betrieb $u_{2f} = u_2$ zumeist etwas größer als u_{2s} gewählt Wenn die bestimmte Umlaufzahl $n_f = n$ gefordert ist, kann aus der Beziehung $60\,u_2 = 2\,\pi r_2 \,.\, n$ die Umlaufzahl gerechnet werden:

$$u_2 = \frac{2\,\pi}{c_0} \,.\, r_2 \cdot n \qquad 12$$

Für den stoßfreien Betrieb vereinfacht sich die Hauptgleichung 2, weil hierfür $H_{v1} = H_{v2} = 0$ zu setzen ist; es ist also:

$$H_A = H_n + \frac{c_0^2}{2g}\zeta_\Sigma + \frac{c_a^2}{2g} = H_n + H_v \qquad 13$$

darin bedeutet ζ_Σ den nachstehenden Ausdruck (Gleichung 5):

$$\zeta_\Sigma = \zeta_s \cdot \frac{c_s^2}{c_0^2} + \zeta_r \cdot \frac{w_2^2}{c_0^2} + \zeta_l \cdot \frac{c_3^2}{c_0^2} + \zeta_d \cdot \frac{c_d^2}{c_0^2} \qquad 14$$

Falls $c_s = c_d = c_0 = c_{r2} = c_a$ ist, wird einfacher:

$$\left.\begin{aligned} H_A &= H_n + \frac{c_0^2}{2g}(\zeta_\Sigma + 1) \\ \zeta_\Sigma &= \zeta_s + \zeta_r \cdot \frac{w_2^2}{c_{r2}^2} + \zeta_l \cdot \frac{c_3^2}{c_2^2} + \zeta_d \end{aligned}\right\} 14'$$

*) Siehe auch meine Abhandlung: „Zur Auswahl der zweckmäßigsten Schaufelform für Kreiselpumpen" (Zeitschrift des Vereins deutscher Ingenieure 1891, S. 1046).

Die Ziffern ζ_s und ζ_d werden aus der bekannten Formel für die Rohrreibung gerechnet; ζ_r und ζ_l sollen mangels feststehender Formeln mit 0,10 bis 0,12 geschätzt werden.

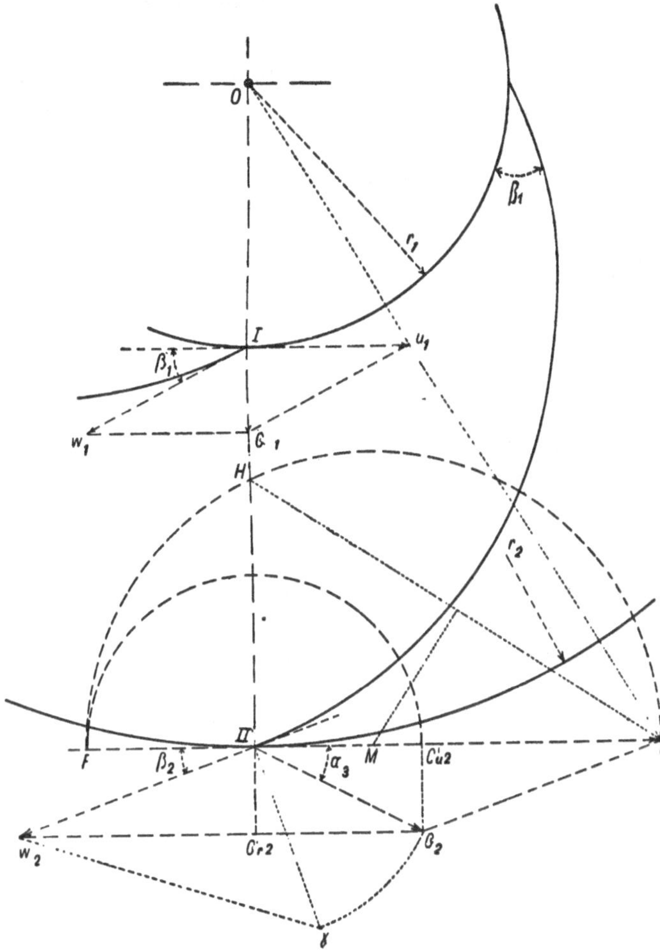

Fig. 6.

Für die erste Rechnung wird $H_A = (1{,}20 \text{ bis } 1{,}50)\, H_n$ angenommen und dann die Gleichung 3′ benutzt:

$$H_A = \frac{1}{g}\, u_2 c_{u2},$$

wofür geschrieben werden soll:

$$(\sqrt{gH_A})^2 = u_2 c_{u2} \qquad 15$$

Daraus kann nun eine einfache Konstruktion abgeleitet werden (Fig. 6).

Die Strecke $\mathrm{II}u_2$ sei für $\mathfrak{u}_2$ und in gleichem Maßstab die Strecke $\mathrm{II}c_{r_2}$ für $\mathfrak{c}_{r_2}$ (zumeist gleich $\mathfrak{c}_0$) aufgetragen. Auf $\mathrm{II}H$ wird im selben Maßstab $\sqrt{gH_A}$ dargestellt und nun ein Halbkreis geschlagen, dessen Mittelpunkt M in der Horizontalen $\mathrm{II}u_2$ liegt und der die Strecke Hu_2 als Sehne enthält. Dieser Halbkreis trifft links noch F. Nun ist bekanntlich $\overline{\mathrm{II}H}^2 = \overline{\mathrm{II}u_2} \cdot \overline{\mathrm{II}F}$ Der Vergleich mit Gleichung 15 zeigt, weil $\overline{\mathrm{II}H} = \sqrt{gH_A}$ und $\overline{\mathrm{II}u_2} = \mathfrak{u}_2$ ist, daß die Strecke $\overline{\mathrm{II}F}$ die Geschwindigkeitskomponente $\mathfrak{c}_{u_2}$ bedeuten muß.

Nun wird $\overline{\mathrm{II}F}$ nach $\mathrm{II}c_{u_2}$ übertragen und über $\mathrm{II}u_2$ und $\mathrm{II}c_{r_2}$ das Geschwindigkeitsrechteck $\mathrm{II}c_{u_2}c_2c_{r_2}$ gezeichnet. Die Diagonale $\mathrm{II}c_2$ gibt Größe und Richtung der absoluten Austrittsgeschwindigkeit $\mathfrak{c}_2$ an. Wird jetzt über $\mathrm{II}u_2$ als eine Seite und $\mathrm{II}c_2$ als eine Diagonale ein anderes Geschwindigkeitsparallelogramm $\mathrm{II}u_2c_2w_2$ konstruiert, so zeigt die Seite $\mathrm{II}w_2$ die Größe und Richtung der relativen Austrittsgeschwindigkeit $\mathfrak{w}_2$ an. In dieser Figur sind dann auch erste Werte der Schaufelwinkel β_2 und α_3 für das Rad und den äußeren Leitapparat gefunden.

Nunmehr läßt sich ein zutreffenderer Wert für H_A ermitteln und danach die einfache Konstruktion nochmals leicht durchführen. Die Geschwindigkeitsverhältnisse im Ausdruck für ζ_Σ (Gleichung 14') lassen sich durch Streckenverhälnisse ersetzen. Es ist:

$$\frac{\mathfrak{w}_2}{\mathfrak{c}_{r_2}} = \frac{\mathrm{II}\,w_2}{\mathrm{II}\,c_{r_2}} \text{ und } \frac{\mathfrak{c}_3}{\mathfrak{c}_{r_2}} = \frac{\mathrm{II}\,c_2}{\mathrm{II}\,c_{r_2}} \qquad 16$$

Sofern $\zeta_r = \zeta_l$ genommen werden darf, läßt sich noch einfacher setzen:

$$\zeta_r \cdot \frac{\mathfrak{w}_2^2}{\mathfrak{c}_{r_2}^2} + \zeta_l \cdot \frac{\mathfrak{c}_3^2}{\mathfrak{c}_{r_2}^2} = \zeta_r \cdot \frac{\mathfrak{w}_2^2 + \mathfrak{c}_3^2}{\mathfrak{c}_{r_2}^2} = \zeta_r \cdot \frac{\overline{w_2\gamma}^2}{\overline{\mathrm{II}\,c_{r_2}}^2} \qquad 17$$

weil wegen $\mathrm{II}\gamma \perp \mathrm{II}w_2$ und $\mathrm{II}\gamma = \mathrm{II}c_2$ also $\overline{\mathrm{II}w_2}^2 + \overline{\mathrm{II}\gamma}^2 = \overline{w_2\gamma}^2$ ist.

Der verbesserte Wert von ζ_Σ rechnet sich also:

$$\zeta_\Sigma = \zeta_s + \zeta_r \cdot \left(\frac{w_2\gamma}{\mathrm{II}\,c_{r_2}}\right)^2 + \zeta_d \qquad 17'$$

In Gleichung 13 eingesetzt, rechnet sich nun der verbesserte Wert von H_A:

$$H_A = H_n + \frac{\mathfrak{c}_0^2}{2g}(\zeta_\Sigma + 1) \qquad 18$$

Damit wird die Konstruktion wiederholt: $\mathrm{II}H = \sqrt{gH_A}$, Halbkreis u_2HF, $\mathrm{II}c_{u_2} = \mathrm{II}F$, Rechteck $\mathrm{II}c_{u_2}c_2c_{r_2}$ und Parallelogramm II $u_2 c_2 w_2$ gezeichnet. Die so gefundenen neuen Werte der Winkel β_2 und α_3 können endgiltig beibehalten bleiben.

Schließlich muß noch der Schaufelwinkel β_1 am Eintrittsumfang ermittelt werden. In Fig. 6 ist I u_1 ‖ II u_2 und der Radialstrahl Ou_2 gezeichnet, dieser schneidet die Strecke Iu_1 für die innere Radgeschwindigkeit u_1 ab. I c_{r_1} wird gleich c_0 aufgetragen und dann über I u_1 als eine Seite und Ic_{r_1} als eine Diagonale das Parallelogramm Iu_1 c_{r_1} w_1 gezeichnet. In der Strecke I w_1 ist dann Größe und Richtung der relativen Eintrittsgeschwindigkeit $\mathfrak{w}_1$ gefunden, womit also auch $\sphericalangle \beta_1$ ermittelt ist.*)

8. *Numerisches Beispiel.* Die Wassermenge von 30 Liter sei in einer Sekunde auf 10 m Höhe zu heben! Also: $Q = 0{,}030$ m^3 und $H_n = 10$ m. Vorbehaltlich einer späteren Verbesserung, falls sie sich als notwendig herausstellen sollte, sei der innere Radhalbmesser mit $r_1 = 0{,}080$ m angenommen; der innere Leitapparat erhalte 8 radiale Schaufeln mit 10 mm Stärke und eine achsiale lichte Weite $b_1 = 0{,}030$ m. Aus der Gleichung $Q = (2\,\pi r_1 - 8 \cdot 0{,}010)\, b_1 c_0$ rechnet sich nun die Eintrittsgeschwindigkeit $c_0 = 2{,}366$ m/sek. Dieser Wert liegt zwischen zulässigen Grenzen; in gleicher Größe soll die Geschwindigkeit in den Rohrleitungen genommen werden; dann rechnet sich deren Durchmesser aus $\frac{\pi}{4} d_s^2 = \frac{\pi}{4} d_d^2 = (2\,\pi r_1 - 8 \cdot 8{,}010)\, b_1 = 0{,}01267$ m^2 mit $d_s = d_d = 0{,}127$ m. Auch der Verhältniswert

$$\frac{r_1}{d_s} = \frac{0{,}080}{0{,}127} = 0{,}63$$

ist zulässig. Unter der Annahme des Wertes $\frac{r_2}{r_1} = 2{,}5$ rechnet sich der äußere Radhalbmesser $r_2 = 0{,}08 \cdot 2{,}5 = 0{,}200$ m.

Die Radgeschwindigkeit u_{2s} des Schwebezustandes s rechnet sich aus Gleichung 9:

$$u_{2s} = \sqrt{\frac{2\,gH_n}{1 - \frac{r_1^2}{r_2^2}}} = 15{,}283 \text{ m/sek},$$

somit ist die Umlaufzahl in 1 Minute bei diesem Zustand

$$n_s = \frac{60\,u_{2s}}{2\,\pi r_2} = 729{,}7.$$

*) Das Taschenbuch der „Hütte" (19. Auflage S. 1278) zeigt, wie die Schaufellinie für die gefundenen Schaufelwinkel β_1 und β_2 konstruiert wird, für die rückgekrümmten Schaufeln ist die Linie als eine Archimedische Spirale, für die anderen Schaufeln als Kreisbogen gezeichnet.

Die Umlaufzahl für den normalen, stoßfreien Betrieb sei etwas größer, etwa $n_f = \mathfrak{n} = 780$ angenommen, damit beim etwaigen Anlassen der ganz gefüllten Pumpe vor dem Erreichen der normalen Zahl $\mathfrak{n}$ jene Zahl n_s überschritten wird, bei der dann die bis dahin gestandene Wassermasse in Bewegung gerät. Aus $\mathfrak{n} = 780$ und $r_2 = 0{,}200$ rechnet sich die normale Radgeschwindigkeit

$$u_{2f} = \mathfrak{u}_2 = \frac{2\,\pi r_2 \cdot 780}{60} = 16{,}336 \text{ m/sek*)}$$

Die innere Radgeschwindigkeit ist

$$u_{1f} = \mathfrak{u}_1 = \mathfrak{u}_2 \cdot \frac{r_1}{r_2} = 6{,}534 \text{ m/sek.}$$

Daher rechnet sich der Radschaufelwinkel β_1 aus Fig. 2:

$$\cot \beta_1 = \frac{\mathfrak{u}_1}{\mathfrak{c}_0} = \frac{6{,}534}{2{,}366} = 2{,}76175 \text{ also ist } \sphericalangle\, \beta_1 = 19^0\,54{,}'31 = 19^0\,54'\,18{,}6''.,$$

Der Winkel β_2 könnte nun nach dem im Abschnitt 7 erläuterten und in Fig. 6 dargestellten Verfahren ermittelt werden. Hier werde dagegen ein direkter Weg ohne vorläufige Schätzung des Wertes für H_A eingeschlagen. Nach Gleichung 13 ist:

$$H_A = H_n + \frac{\mathfrak{c}_0^2}{2g}(\zeta_\Sigma + 1)$$

Darin ist nach Gleichung 3'' und 5' zu setzen:

$$H_A = \frac{1}{g}\,\mathfrak{u}_2\,(\mathfrak{u}_2 - \mathfrak{c}_0 \cot \beta_2)$$

$$\zeta_\Sigma = (\zeta_s + \zeta_r + \zeta_l + \zeta_d + \zeta_r \cot^2\beta_2 + \zeta_l \cdot \cot^2\alpha_3)$$

Die hier eingesetzten Widerstandskoeffizienten ζ_s und ζ_d rechnen sich in folgender Weise: Für die Annahme der Saughöhe $H_s = 2$ m und der Druckhöhe $H_d = 8$ m seien die Rohrlängen mit $l_s = 2{,}5$ m und $l_d = 8{,}2$ m geschätzt. Nach der Formel von H. L a n g**) ist zu rechnen:

$$\zeta_s = \lambda \cdot \frac{l_s}{d_s} \text{ und } \lambda = 0{,}020 + \frac{0{,}0018}{\sqrt{\mathfrak{c}_s d_s}}.$$

Wegen $\mathfrak{c}_s = 2{,}366$ m/sek und $d_s = 0{,}127$ m ergibt sich $\lambda = 0{,}083$, also

$$\zeta_s = 0{,}023 \cdot \frac{2{,}5}{0{,}127} = 0{,}45 \qquad 18$$

---

*) Z e u n e r empfiehlt zuerst die Radgeschwindigkeit um 0,5 bis 1,5 m/sek größer als die Geschwindigkeit des Schwebzustandes (Gleichgewichtszustandes) zu nehmen („Vorles. über Theorie der Turbinen" S. 330). Später meint er, die Differenz beider Geschwindigkeiten könne noch kleiner genommen werden (S. 338).

**) Taschenbuch der „Hütte" (19. Aufl. S. 249). Durch die Zugaben 0,5 und 0,2 in den Rohrlängen seien die sonstigen Widerstände in den Leitungen in Rücksicht gezogen (etwas knapp).

Für die Druckleitung ergibt sich:

$$\zeta_d = \lambda \cdot \frac{l_d}{d_d} = 0{,}023 \cdot \frac{8{,}2}{0{,}127} = 1{,}49 \qquad 18'$$

Die Widerstandsziffern ζ_r und ζ_l mögen mit Rücksicht auf die engen Zellen des Rades und des äußeren Leitapparates mit

$$\zeta_r = \zeta_l = 0{,}12 \qquad 18''$$

geschätzt werden. Somit rechnet sich der Ausdruck für ζ_Σ nach

$$\zeta_\Sigma = 2{,}18 + 0{,}12 \cot^2\beta_2 + 0{,}12 \cot^2\alpha_3 \qquad 19$$

Hierfür ist $\cot\alpha_3$ zu rechnen nach Gleichung 1 wegen $c_0 = c_{r2}$:

$$\cot\alpha_3 = \frac{r_2}{r_1}\cot\beta_1 - \cot\beta_2 = 6{,}904 - \cot\beta_2.$$

Wird dieser Wert in die Gleichung 19 eingesetzt, so ergibt sich für ζ_Σ:

$$\zeta_\Sigma = 7{,}900 - 1{,}657 \cot\beta_2 + 0{,}24 \cot^2\beta_2.$$

Die oben angezogene Gleichung 13 wird sich mit Beachtung der Ausdrücke für H_A und ζ_Σ nun so schreiben:

$$\frac{1}{g}\, u_2(u_2 - c_0 \cot\beta_2) = H_n + \frac{c_0^2}{2g}(8{,}900 - 1{,}657 \cot\beta_2 + 0{,}24 \cot^2\beta_2)$$

Nach früher ist $u_2 = u_{2f} = 16{,}335$ m/sek und

$$\frac{c_0^2}{2g} = \frac{2{,}^2366}{2g} = 0{,}2853 \text{ m};$$

damit läßt sich die vorige Gleichung in folgende überführen:

$$0{,}0685 \cot^2\beta_2 + 3{,}4671 \cot\beta_2 = 14{,}6656.$$

Daraus rechnet sich $\cot\beta_2 = 3{,}925$ also $\sphericalangle\,\beta_2 = 14^\circ\, 17',64$.*)

Die Werte für $\cot\beta_1$ und $\cot\beta_2$ lassen nach Gleichung 1' $\cot\alpha_3$ rechnen:

$$\cot\alpha_3 = \frac{r_2}{r_1}\cot\beta_1 - \cot\beta_2 = 2{,}5 \cdot 2{,}76175 - 3{,}925 = 2{,}9794$$

also ist $\sphericalangle\,\alpha_3 = 18^\circ\, 33',24$. Danach rechnet sich nach der Gleichung 19 der Wert für ζ_Σ, nämlich $\zeta_\Sigma = 5{,}136$. Das Rad erhalte 8 Schaufeln, die vom inneren Kreis bis zum äußeren Kreis reichen und außerdem 8 dazwischen liegende Schaufeln, die sich nur über die äußere Hälfte der Radialbreite ausdehnen.

---

*) Die Auflösung der unreinquadratischen Gleichung (für $\cot\beta_2$) könnte umgangen werden. Es ist $\frac{1}{g}\, u_2(u_2 - c_0\cot\beta_2) = 27{,}2026 - 3{,}9399 \cot\beta_2 = H_A$. Zunächst wird $H_A = 12$ m geschätzt, dann gibt diese Gleichung $\cot\beta_2 = 3{,}8587$; dazu rechnet sich nun $\zeta_\Sigma = 7{,}900 - 1{,}657 \cot\beta_2 + 0{,}24 \cot^2\beta_2 = 5{,}0799$. Nunmehr rechnet sich zutreffender $H_A = 10 + 6{,}0799 \frac{c_0^2}{2g} = 11{,}7345$ m; in die Gleichung $27{,}2026 - 3{,}9399 \cot\beta_2 = H_A$ eingesetzt, erhält man schließlich $\cot\beta = 3{,}925$ wie oben.

Unter Annahme von 4 mm Wanddicke und mit Beachtung des Umstandes, daß $c_{r_2} = c_{r_1}$ sein soll, rechnet sich aus der Gleichheit der beiden zylindrischen Durchflußflächen (innen und außen) die äußere Achsialweite $b_2 = 13$ mm. Diese Weite soll auch der das Rad umschließende äußere Leitapparat erhalten. Dieser erhält einen äußeren Halbmesser 250 mm, 19 Schaufeln mit 4 mm Stärke und den gleichgroßen Winkeln zu den Umfangskreisen $\alpha_3 = \alpha_4 = 18^\circ\, 33',24$. Die Schaufeln sollten nach logarithmischen Spiralen geformt sein; wegen ihrer geringen Ausdehnung dürfen sie wohl auch als Kreisbogen gebildet sein.

Nach den hier ausgemittelten Einzelheiten ist in Fig. 7 die Konstruktionszeichnung der Zentrifugalpumpe entworfen worden. Der innere Leitapparat soll den in den Schaufelkranz des Rades eintretenden Wasserteilchen die radiale Bewegungsrichtung sichern.

Mit den früher festgelegten Werten für $\frac{r_1}{r_2}$, $\cot\beta_1$, $\cot\beta_2$, ζ_Σ ermitteln sich nun die Konstantanten der Hauptgleichung 6 aus den Formeln 6':

$$\left.\begin{aligned} A &= \cot^2\beta_1\left(1+\frac{r_2^2}{r_1^2}\right)+\zeta_\Sigma+1 = 61{,}434 \\ B &= \cot\beta_1\left(\frac{r_1}{r_2}+\frac{r_2}{r_1}\right)-\cot\beta_2 = 4{,}084 \\ C &= 1-\frac{r_1^2}{r_2^2} = 0{,}840 \\ 2gH_n &= 2\cdot 9{,}81\cdot 10 = 196{,}2 \end{aligned}\right\} \qquad 20$$

Damit schreibt sich die Hauptgleichung:

$$61{,}434\, c_0^2 - 2\cdot 4{,}084\, c_0 u_2 - 0{,}840\, u_2^2 + 196{,}2 = 0 \qquad 20'$$

Für den Zustand des Abschnappens a rechnet sich nach Gleichung 8

$$u_{2a} = \sqrt{2gH_n\cdot\frac{A}{B^2+AC}} = 13{,}283 \text{ m/sek}$$

Dazu die Wassergeschwindigkeit nach 8':

$$c_{0a} = \frac{B}{A}\, u_{2a} = 0{,}883 \text{ m/sek; somit } \frac{u_{2a}}{c_{0a}} = \mathfrak{v}_a = 15{,}043 \text{ und}$$

$$\frac{c_0^2{}_a}{2g} = 0{,}03974 \text{ m.}$$

Für den Schwebezustand s und für den Zustand b (über s in Fig. 4) ist $u_{2s} = 15{,}283$ m/sek (im Anfang dieses Abschnittes 8 ausgerechnet).

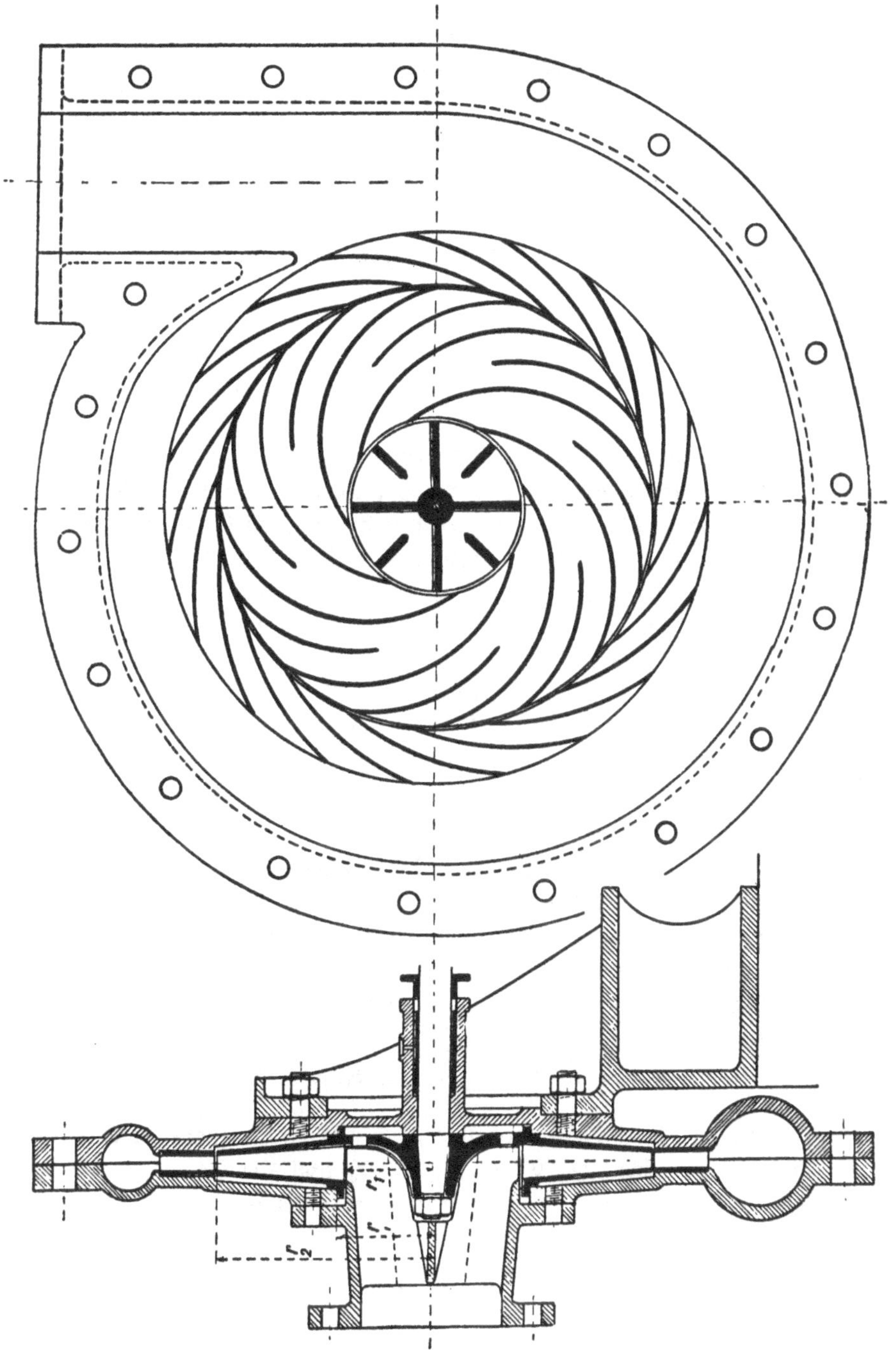

Fig. 7.

Also ist nach Gleichung 10 die Wassergeschwindigkeit des Zustandes b:

$$c_{0b} = 2 \frac{B}{A} u_{2s} = 2{,}032 \text{ m/sek, somit } \frac{u_{2b}}{c_{0b}} = \mathfrak{v}_b = 7{,}521 \text{ und}$$

$$\frac{c_0^2{}_b}{2g} = 0{,}21045 \text{ m.}$$

Für einen allgemeinen Fall i (Fig. 4) mit $u_{2i} = 18{,}0$ m/sek rechnet sich nach Formel 7

$$c_{0i} = 2\,8307 \text{ m/sek, somit } \frac{u_{2i}}{c_{0i}} = \mathfrak{v}_i = 6{,}359 \text{ und } \frac{c^2_{0i}}{2g} = 0{,}4085.^{*)}$$

9. *Pressungshöhen.* (Allgemeiner Fall). Unter gewissen Umständen wird an einigen Stellen des Wasserlaufes die Pressung zwischen den Wasserteilchen sehr stark herabgesetzt; es kommt dann zuweilen zur Trennung der Teilchen, zur Hohlraumbildung. Bald darauf vereinigen sich wieder die getrennten Teile, was mit starkem Geräusch und starker Stoßwirkung verbunden ist. Ein solcher Zustand darf nicht andauern, weil dadurch die Betriebssicherheit bedenklich gefährdet ist. Die Möglichkeit des Eintretens eines derartigen Zustandes kann von vornherein nur durch die Ausmittlung der Pressung zwischen den Wasserteilchen an den bemerkenswerten Stellen beurteilt werden. Für die Stellen vor und nach dem Eintritt in das Rad seien die Pressungshöhen mit h_0 bezw. h_1 und dann für die Stellen vor und nach dem Eintritt in den äußeren Leitapparat seien die Pressungshöhen mit h_2 bezw. h_3 bezeichnet.

Unter Voraussetzung eines Beharrungszustandes werden sich für die einzelnen Abschnitte des Wasserweges vom Unterwasser bis zur Steigrohrmündung die Energiegleichungen wie folgt aufstellen lassen.

Vom Unterwasser bis v o r dem Eintritt in das Rad (Zustand 0):

$$h_b + H_u = \frac{c_0^2}{2g} + h_0 + H_u + H_s + \zeta_s \frac{c_0^2}{2g} \qquad 21$$

In Fig. 1 sind die Höhen H_u, H_s, H_d, H_n, ebenso die Geschwindigkeiten des Wassers c_s, c_d, c_a und die Stellen mit der Pressungshöhe h_b des Luftdruckes zu erkennen. Die Ge-

---

*) Für die Steigung der Asymptoten der Hyperbel rechnet sich nach der Anmerkung nach Gl. 10 $\operatorname{tg}\chi = \frac{B}{A} \pm \sqrt{\frac{B^2}{A^2} + \frac{C}{A}} = + 0{,}20097$ bezw. $- 0{,}06802$ für die obere bezw. untere Asymptete ($\chi = + 11^0 21',81$ und $\chi' = - 3^0 53',49$).

schwindigkeit c_0 und die später einbezogenen c_1, c_2, w_2, c_3 sind in der Fig. 3 ersichtlich. Die mit ζ_s und später mit ζ_r, ζ_l und ζ_d versehenen Glieder entsprechen den infolge der hydraulischen Widerstände in den betreffenden Wegabschnitten entstehenden Verlusten.

Vom Zustand 0 bis zum Zustand 1 (während des Eintrittes in das Rad):

$$\frac{c_0^2}{2g} + h_0 + H'_A = \frac{c_1^2}{2g} + h_1 + H_{v_1} \qquad 22$$

H'_A ist die vom Rad auf das Wasser übertragene Arbeit (Gleichung 3); H_{v_1} ist die bei der Stoßwirkung verlorene Wasserenergie (Gleichung 4).

Vom Zustand 1 bis zum Zustand 2 (während des Durchganges durch die Radzellen):

$$\frac{c_1^2}{2g} + h_1 + H''_A = \frac{c_2^2}{2g} + h_2 + \zeta_r \frac{w_2^2}{2g} \qquad 23$$

H_A'' ist die vom Rad auf das Wasser übertragene Arbeit (Gleichung 3).

Vom Zustand 2 bis zum Zustand 3 (während des Übertrittes in den äußeren Leitapparat):

$$\frac{c_2^2}{2g} + h_2 = \frac{c_3^2}{2g} + h_3 + H_{v_2} \qquad 24$$

Hier bedeutet H_{v_2} die bei der Stoßwirkung verlorene Wasserenergie.

Während der Bewegung des Wassers durch den äußeren Leitapparat und durch das Steigrohr bis zu dessen Mündung:

$$\frac{c_3^2}{2g} + h_3 = \frac{c_a^2}{2g} + h_b + H_d + \zeta_l \frac{c_3^2}{2g} + \zeta_d \frac{c_d^2}{2g} \qquad 25$$

Alle in den obigen Gleichungen 21 bis 25 angesetzten Glieder haben die Bedeutung von Energien oder Arbeitsmengen (übertragenen oder verlorenen) für 1 kg Wasser; in diesem Falle sind sie in Meterkilogrammen gedacht. Dieselben Glieder haben auch die Bedeutung von Höhen in Metern, wenn man sich die Energiebeträge durch je 1 kg dividiert denkt.

Aus den obigen Gleichungen rechnen sich nun die Pressungshöhen h_0, h_1, h_2, h_3. Aus der Gleichung 21 folgt wegen $c_s = c_0$:

$$h_0 = h_b - H_s - \frac{c_0^2}{2g}(1 + \zeta_s) \qquad 26$$

Aus der Gleichung 22 ist:

$$h_1 = h_0 + \frac{c_0^2}{2g} - \frac{c_1^2}{2g} + H_A' - H_{v_1}$$

Aus Fig. 3 und aus den Gleichungen 3 und 4 folgt:

$$c_1^2 - c_0^2 = (u_1 - c_0 \cot \beta_1)^2,$$

$$H_A' = \frac{1}{g} u_1 c_{u1} = \frac{1}{g} u_1(u_1 - c_0 \cot \beta_1),$$

$$H_{v1} = \frac{1}{2g}(u_1 - c_0 \cot \beta_1)^2.$$

Nach Einsetzung dieser Werte in die vorige Gleichung für h_1 wird:

$$h_1 = h_0 + \frac{c_0^2}{2g} \cdot 2 \cot \beta_1 \left(\frac{u_1}{c_0} - \cot \beta_1\right) \qquad 27$$

Aus Gleichung 25 ergibt sich zunächst mit Beachtung $c_d = c_a = c_0$:

$$h_3 = h_b + H_d + \frac{c_0^2}{2g} - \frac{c_3^2}{2g} + \zeta_l \frac{c_3^2}{2g} + \zeta_d \frac{c_0^2}{2g}.$$

Aus der Fig. 4 folgt mit Beachtung von $c_{r2} = c_0$:

$$c_3^2 = \frac{c_0^2}{\sin^2 \alpha_3} = c_0^2 (1 + \cot^2 \alpha_3);$$

damit rechnet sich dann die Pressungshöhe h_3:

$$h_3 = h_b + H_d + \frac{c_0^2}{2g}\left[\zeta_l (1 + \cot^2 \alpha_3) + \zeta_d - \cot^2 \alpha_3\right] \qquad 28$$

Schließlich ergibt sich die Pressungshöhe h_2 aus Gl. 24

$$h_2 = h_3 + \frac{c_3^2}{2g} - \frac{c_2^2}{2g} + H_{v2}.$$

Aus der Fig. 4 läßt sich mit Beachtung $c_{r2} = c_0$ entwickeln:

$$c_3^2 - c_2^2 = (c_2^2 - c_0^2) - (c_3^2 - c_0^2) = (u_2 - c_0 \cot \beta_2)^2 - (c_0 \cot \alpha_3)^2.$$

Nun gelten nach Gleichung 4 und Gleichung 1':

$$H_{v2} = \frac{1}{2g}(u_2 - c_0 \cot \beta_2 - c_0 \cot \alpha_3)^2 \text{ und } \cot \alpha_3 = \frac{r_2}{r_1} \cot \beta_1 - \cot \beta_2,$$

somit wird schließlich:

$$h_2 = h_3 - \frac{c_0^2}{2g} \cdot 2 \frac{r_2}{r_1} \cot \alpha_3 \left(\frac{u_1}{c_0} - \cot \beta_1\right) \qquad 29^*)$$

Zunächst sollen aus den Formeln für die Pressungshöhen Folgerungen für den stoßfreien Betrieb und dann für langsameren und für schnelleren Gang gezogen werden.

Für den stoßfreien Betrieb (Fall f in Fig. 4) gilt nach dem Eintrittsparallelogramm der Geschwindigkeiten (Fig. 2)

$$\frac{u_1}{c_0} = \frac{u_1'}{c_0} = \cot \beta_1,$$

somit verschwindet hierfür der Unterschied der Pressungshöhen h_0 und h_1 zufolge Gleichung 27 und auch jener der

*) Derselbe Wert würde sich auch rechnen lassen, wenn man die Höhe h_2 aus Gleichung 23 bestimmen würde.

Pressungshöhen h_2 und h_3 zufolge Gleichung 29. Während des stoßfreien Betriebes findet also an den Übergängen ins Rad und aus dem Rade keine Pressungsänderung statt.

Bei langsamerem Radlauf als jenem des stoßfreien Betriebes ist zufolge Fig. 4:

$$\frac{c_0}{u_2} < \frac{c_0}{u_2} = \frac{r_1}{r_2} \cdot \frac{c_0}{u_1} = \frac{r_1}{r_2} \cdot tg\,\beta_1,$$

also schließlich

$$\frac{u_1}{c_0} > \cot \beta_1,$$

wofür die Gleichungen 27 und 29 bei den erwähnten Übergängen eine Druckanschwellung von h_0 auf h_1 bzw. von h_2 auf h_3 anzeigen.

Bei schnellerem Radlauf als jenem des stoßfreien Betriebes lassen obige Gleichungen in ähnlicher Schlußfolge eine Druckabnahme für die betreffenden Übergänge erkennen.

10. *Pressungshöhen für das numerische Beispiel.* Unter Zugrundelegung des im Abschnitt 8 eingeführten numerischen Beispiels sind in obigen Formeln die Werte $h_b = 10$, $H_s = 2$, $H_d = 8$, $\zeta_s = 0{,}45$, $\zeta_l = 0{,}12$, $\zeta_d = 1{,}49$, $\cot \beta_1 = 2{,}76175$, $\cot \alpha_3 = 2{,}9794$ einzusetzen, womit sie in folgende Spezialformeln übergehen:

$$\left.\begin{aligned} h_0 &= 8 - 1{,}45 \frac{c_0^2}{2g} \\ h_1 &= h_0 + \frac{c_0^2}{2g} \cdot 5{,}5235 \left(\frac{u_1}{c_0} - 2{,}76175\right) \\ h_3 &= 18 - 6{,}2016 \frac{c_0^2}{2g} \\ h_2 &= h_3 - \frac{c_0^2}{2g} \cdot 14{,}897 \left(\frac{u_1}{c_0} - 2{,}76175\right) \end{aligned}\right\} \quad 30$$

Für die charakteristischen Laufarten (Fig. 4) rechnen sich darnach die in der Tabelle I ersichtlichen Werte.

Die Tabellenwerte sind in die Fig. 4 eingetragen und die betreffenden Punkte durch gerade Linien verbunden worden. Durch diese Linien soll nur der Zusammenhang angegeben sein, ohne daß damit die gesetzmäßige Änderung der Pressungshöhen für zwischenliegende Fälle gemeint ist.

Bei manchen Rädern kann bei starker Steigerung von u_2 die Pressungshöhe an einer Stelle soweit abnehmen, daß dann der Zusammenhang zwischen den Wasserteilchen in Frage kommt. Das trifft zu, wenn die Pressung auf jene herabsinkt, die der gerade herrschenden Wassertemperatur als Druck des gesättigten Wasserdampfes zukommt. Für 10° und 20° C. ist diese Pressung gleich 0,012 bezw. 0,024 Atmosphären, also kommt ihr die Wasserdruckhöhe von 0,12 bezw. 0,24 m zu. Es können sich da Hohlräume bilden infolge zeitweiligen Abreißens des Wassers; einem Abreißen folgt bald ein stoßartiges Wiederzusammentreffen der hinteren, nun voreilenden Masse mit der vorderen, nun rückbleibenden Masse (Wasserschlag).

Tabelle I.

	a	*s*	*b*	*f*	*i*
u_2 m/sek	13,283 m	15,283	15,283	16,336	18,0
c_0 m/sek	0,883	0	2,032	2,366	2,831
$\frac{c_0^2}{2g}$ m	0,0397	0	0,2105	0,2853	0,4085
$\frac{u_2}{c_0} = \nu$	15,043	—	7,521	6,904	6,359
h_0 m	7,9424	8,0	7,6948	7,5863	7,4077
h_1	9,6567	8,0	7,9815	7,5863	6,9162
h_3	17,7537	18,0	16,6949	16,2507	15,4667
h_2	15,8277	18,0	15,9218	16,2507	16,7925

Bei größerer Saughöhe kann ein solcher Zustand schon bei mäßiger Radgeschwindigkeit eintreten. Angenommen die Saughöhe H_s würde statt 2 m nun 7 m genommen werden, dann würde bei gleichbleibender Gesamt-Steighöhe $H_n = 10$ m die Druckhöhe von 8 m auf 3 m vermindert. Die Formeln der Pressungshöhen zeigen, daß dann alle Höhen um je 5 m verringert würden. Die kleinste der Tabellenhöhen, nämlich h_1 für den allgemeinen Fall *i*, würde auf $6{,}91 - 5 = 1{,}91$ m reduziert werden. Erfahrungsgemäß ist dies schon als bedenklich anzusehen; so erwähnt Biel*) der Fliegnerschen Versuche, wo sich bei 2 m Wasserdruckhöhe an den engsten Stellen „Dampf aus Luftblasen" bildeten und der Wirkungsgrad rasch sank. Diese Grenze bezeichnet den Eintritt der Hohlraumbildung („Cavitation").

*) Am oben (Absatz 1, Anmerkung) angeführten Orte (S. 39).

11. *Radarbeitshöhe, Wassermenge, Radarbeit, hydraulischer Wirkungsgrad.* Die Werte dieser Größen sollen für das früher eingeführte numerische Beispiel ermittelt werden. H_A bestimmt sich nach Gleichung 3'':

$$H_A = \frac{t}{g} u_2 (u_2 - c_0 \cot \beta_2) = \frac{c_0 u_2}{g} \left(\frac{u_2}{c_0} - \cot \beta_2\right) \qquad 31$$

Die Wassermenge in einer Sekunde Q m³ rechnet sich für die Durchflußfläche $F_0 = 0{,}01267$ m² (Abschnitt 8) an der Eintrittsstelle in das Rad mit

$$Q = F_0 c_0 \qquad 32$$

Damit bestimmt sich für die Radarbeit, die vom Rad auf das Wasser übertragen wird, der Ausdruck:

$$A = 1000\, Q H_A \qquad 33$$

Der hydraulische Wirkungsgrad rechnet sich aus

$$\eta = \frac{H_n}{H_A} \qquad 34$$

Die Werte dieser Größen sind für die charakteristischen Laufarten (Fig. 4 und Tabelle I) ausgerechnet und in die Tabelle II eingesetzt worden:

Tabelle II.

	a	*s*	*b*	*f*	*i*
H_A m	13,292	0	11,383	11,737	12,657
Q m³	0,0111	0	0,0257	0,0299	0,0358
A mkg	147,5	0	292,5	350,8	453,1
η	0,753	—	0,878	0,852	0,790

Werden die Werte für H_A und η in die Fig. 4 eingetragen und dazu die Linienzüge gezeichnet, so erkennt man eine Laufart, bei der H_A ein Minimum, also η ein Maximum annimmt. Die hiezugehörige Radgeschwindigkeit u_2 läßt sich leicht nach folgender Überlegung ermitteln.

Zunächst wird $\frac{\partial H_A}{\partial u_2}$ aus Gleichung 31 bestimmt und gleich Null gesetzt:

$$u_2\left(1 - \cos \beta_2 \cdot \frac{\partial c_0}{\partial u_2}\right) + (u_2 - c_0 \cot \beta_2) = 0 \qquad 35$$

Wird nun die Hauptgleichung 6 differenziert, so rechnet sich $\frac{\partial c_0}{\partial u_2}$ aus der folgenden Gleichung aus:

$$2\,Ac_0\frac{\partial c_0}{\partial u_2}-2\,Bu_2\frac{\partial c_0}{\partial u_2}-2\,Bc_0-2\,Cu_2=0.$$

Es wird daraus $$\frac{\partial c_0}{\partial u_2}=\frac{Bc_0+Cu_2}{Ac_0-Bu_2} \qquad 36$$

Wird dieser Wert in Gleichung 35 eingesetzt und dann die Gleichung für den Verhältniswert $\mathfrak{v}=\frac{u_2}{c_2}$ geordnet, so bestimmt sich dieser Wert mit

$$\mathfrak{v}=\frac{u_2}{c_0}=\frac{A}{C\cot\beta_2+2\,B}\pm\sqrt{\left(\frac{A}{C\cot\beta_2+2\,B}\right)^2-\left(\frac{A\cot\beta_2}{C\cot\beta_2+2\,B}\right)} \qquad 37$$

Nur das obere Zeichen hat für die behandelte Zentrifugalpumpe einen Sinn. Die Werte der eingesetzten Größen A, B, C nach Gleichung 20 und $\cot\beta_2=3{,}925$ ergeben für das numerische Beispiel

$$\mathfrak{v}=\frac{u_2}{c_0}=8{,}129$$

für die Laufart des größten Wirkungsgrades.*)

Für diesen Verhältniswert rechnet sich aus Gleichung 7 die Wassergeschwindigkeit

$$c_0=\sqrt{\frac{2\,gH_n}{-A+2\,B\mathfrak{v}+C\mathfrak{v}^2}}=1{,}757\text{ m/sek}.$$

Die Radgeschwindigkeit rechnet sich also nach

$$u_2=\mathfrak{v}\,.\,c_0=14{,}284\text{ m/sek.}$$

Diese Geschwindigkeit ist kleiner als jene des stoßreien Betriebs. Der Minimalwert von H_A rechnet sich aus Gleichung 31:

$$H_A=\frac{1}{g}\,u_2\,(u_2-c_0\cot\beta_2)=10{,}756\text{ m.}$$

Daher stellt sich der Maximalwert des Wirkungsgrades auf

$$\eta=\frac{10\,000}{10{,}756}=0{,}930.$$

Der Minimalwert der Radarbeit selbst trifft zu für das Minimum von QH_A, also auch für jenes von c_0H_A, also

*) In Gleichung 37 ist die Größe vor dem Doppelzeichen 5,358, die Wurzelgröße nach dem Doppelzeichen ist 2,771; das Zeichen + führt auf $\mathfrak{v}=8{,}129$, das Zeichen — auf 2,587. Nun ist aus der Asymptotenneigung (Anmerkung Absatz 8) erkenntlich, daß der größte Wert von $\frac{c_0}{u_0}$ die Zahl 0,2010 ist, also ist der kleinste Wert von $\frac{u_0}{c_0}$ die Zahl 4,975; daher hat oben nur der Wert 8,129, der sich mit dem Zeichen + ausrechnet, einen Sinn.

schließlich auch für jenes von $\frac{1}{g} c_0 u_2 (u_2 - c_0 \cot \beta_2)$; es liegt kein besonderes Interesse vor, diese Untersuchung durchzuführen.

12. *Vorgekrümmte Schaufeln.* Aus dem Verfahren zur Ermittelung der einer bestimmten Radgeschwindigkeit $u_2 = u_{2f}$ zugehörigen Schaufelform ist zu ersehen, daß je kleiner u_2 gewählt wird, um so größer der Winkel β_2 gemacht werden muß. Wird er gerade 90° genommen, dann erhält die Schaufel eine Form, die schon von Rittinger für Ventilatoren vorgeschlagen wurde; die Radgeschwindigkeit ist kleiner als jene der rückgekrümmten Schaufel. Wird β_2 als stumpfer Winkel genommen, also die Schaufel mit ihrem äußeren Ende nach vorwärts gekrümmt, so wird die Radgeschwindigkeit noch kleiner. Um den Einfluß der Radgeschwindigkeit u_2 auf die Schaufelform überschauen zu können, sollen fünf Formen ermittelt werden, welche die Bezeichnung II bis VI erhalten behufs Unterscheidung von der oben entworfenen rückgekrümmten Schaufel, die mit I bezeichnet werde. Die Schaufel II habe eine Geschwindigkeit des stoßfreien Betriebes u_2 in der Größe der Geschwindigkeit des Schwebzustandes $u_{2s} = u_{2b}$ (Fall f fällt mit Fall b zusammen). Die Schaufel IV gehöre zum Winkel $\beta_2 = 90°$. Die Schaufel III sei zwischen II und IV gelegen. Die Schaufeln II und III sind noch zurückgekrümmt; die weiteren Schaufeln V und VI seien vorgekrümmt.

Zunächst werde die Schaufel IV als Grenzform zwischen den zurückgekrümmten und den vorgekrümmten Schaufeln bestimmt. Nach Gleichung 3″ nimmt für $\beta_2 = 90°$ die Arbeitshöhe H_A einen einfachen Ausdruck an:

$$H_A = \frac{1}{g} u_2 (u_2 - c_0 \cot \beta_2) = \frac{1}{g} u_2^2.$$

Ein zweiter Ausdruck für H_A ergibt sich aus Gleichung 13:

$$H_A = H_n + \frac{c_0^2}{2g} (\zeta_\Sigma + 1).$$

Die Widerstandziffer ζ_Σ rechnet sich für das numerische Beispiel nach Gleichung 19:

$$\zeta_\Sigma = 2{,}18 + 0{,}12 \cot^2 \beta_2 + 0{,}12 \cot^2 \alpha_3 = 2{,}18 + 0{,}12 \cot^2 \alpha_3.$$

Nach Gleichung 1′ ergibt sich

$$\cot \alpha_3 = \frac{r_2}{r_1} \cot \beta_1 - \cot \beta_2 = \frac{r_2}{r_1} \cot \beta_1 = \frac{r_2}{r_1} \cdot \frac{u_1}{c_0} = \frac{u_2}{c_0} = v.$$

Beide Werte für H_A ergeben die Gleichung

$$\frac{1}{g}\,\mathfrak{v}^2 c_0^2 = H_n + \frac{c_0^2}{2g}(2{,}18 + 0{,}12\,\mathfrak{v}^2 + 1).$$

Unter Beachtung von $H_n = 10$ und $\frac{c_0^2}{2g} = 0{,}2853$ (Tab. I Fall *f*) rechnet sich:

$$\mathfrak{v} = \sqrt{\frac{38{,}231}{1{,}88}} = 4{,}5115.$$

Die normale Wassergeschwindigkeit c_0 ist wie früher 2,366 m/sek, also ist

$$u_2 = \mathfrak{v} c_0 = 10{,}674 \text{ m/sek.}$$

Der innere Schaufelwinkel rechnet sich nun aus:

$$\cot\beta_1 = \frac{r_1}{r_2}\cdot\frac{u_2}{c_0} = 0{,}4 \cdot 4{,}5115 = 1{,}80468 \text{ mit } \beta_1 = 28^0\,59{,}'49.$$

Nach Gleichung 6′ rechnen sich die Konstanten der Hauptgleichung:

$$A = 29{,}235,\; B = 5{,}2335,\; C = 0{,}84.$$

Darnach ermittelt sich die Radgeschwindigkeit u_{2a} für den Zustand des Abschnappens (Fall *a*) aus Gleichung 8:

$$u_{2a} = \sqrt{2gH_n \cdot \frac{A}{B^2 + AC}} = 10{,}508 \text{ m/sek.}$$

Behufs Erzielung einer vorgekrümmten Schaufel werde nun die Radgeschwindigkeit u_2 kleiner als bei der soeben behandelten Schaufel IV, nämlich etwa $u_2 = 9{,}6$ m/sek angenommen; die hierfür zu entwerfende Schaufel soll mit VI bezeichnet sein.

Für die Radarbeitshöhe H_A gelten wie oben die Ausdrücke

$$H_A = \frac{1}{g}u_2(u_2 - c_0\cot\beta_2) = 10 + \frac{c_0^2}{2g}[3{,}18 + 0{,}12\cot^2\beta_2 + \\ + 0{,}12(\mathfrak{v} - \cot\beta_2)^2]$$

Hierin ist $\mathfrak{v} = \frac{u_2}{c_0} = \frac{9{,}6}{2{,}366} = 4{,}058$ und wie früher $\frac{c_0^2}{2g} = 0{,}2853$.

Nach Bedeutung der folgenden Gleichung rechnet sich aus ihr $\cot\beta_2$:

$$2\mathfrak{v}(\mathfrak{v} - \cot\beta_2) = \left(H_n : \frac{c_0^2}{2g}\right) + [3{,}18 + 0{,}12\cot^2\beta_2 + 0{,}12(\mathfrak{v} - \cot^2\beta_2)] \quad 38$$

Es wird

$$\cot\beta_2 = -1{,}056, \text{ also } \sphericalangle\beta_2 = (180^0 - 43^0\,26{,}'4)$$

$$\cot\beta_1 = \frac{r_1}{r_2}\mathfrak{v} = 1{,}6232, \text{ also } \sphericalangle\beta_1 = 32^0\,38{,}'26.$$

Damit rechnen sich die Konstanten der Hauptgleichung:

$$A = 25{,}554,\quad B = 5{,}763,\quad C = 0{,}84.$$

Also bestimmt sich die Radgeschwindigkeit u_{2a} für den Grenzfall a (Zustand des Abschnappens) aus:

$$u_{2a} = \sqrt{2\,gH_n \frac{A}{B^2 + AC}} = 9{,}576 \text{ m/sek.}$$

Da die beiden Geschwindigkeiten $\mathfrak{u}_2$ und u_{2a} sehr nahe nebeneinander liegen — denn es ist $\mathfrak{u}_2 = 9{,}6$ und $u_{2a} = 9{,}576$ m/sek — so soll noch eine weniger vorgekrümmte Schaufel V (zwischen IV und VI gelegen) untersucht werden.

Für diese Schaufel V sei $\mathfrak{u}_2 = 10{,}0$ m/sek für den normalen stoßfreien Betrieb gewählt. Das Verhältnis $\mathfrak{v}$ ist hier

$$\mathfrak{v} = \frac{\mathfrak{u}_2}{\mathfrak{c}_0} = \frac{10{,}0}{2{,}366} = 4{,}227.$$

Zur Ausrechnung des $\sphericalangle\, \beta_2$ dient die Gleichung 38 wie oben, aus ihr berechnet sich

$$\cot \beta_2 = -0{,}637, \text{ also } \sphericalangle\, \beta_2 = (180^0 - 57^0\, 30{,}'17)$$

$$\cot \beta_1 = \frac{r_1}{r_2}\, \mathfrak{v} = 1{,}608 \text{ und } \sphericalangle\, \beta_2 = 30^0\, 36{,}'11.$$

Die Konstanten der Hauptgleichung ergeben sich nun zu

$$A = 26{,}795, \quad B = 5{,}540, \quad C = 0{,}84.$$

Damit rechnet sich dann die Geschwindigkeit u_{2a} für den Zustand des Abschnappens aus:

$$u_{2a} = \sqrt{2\,gH_n \frac{A}{B^2 + AC}} = 9{,}941 \text{ m/sek.}$$

Auch diese ist nahe bei der Geschwindigkeit des stoßfreien Betriebs $\mathfrak{u}_2 = 10{,}0$ m/sek gelegen.

Des Vergleiches halber seien noch zwei Schaufeln ausgemittelt: eine Schaufel II, für welche $\mathfrak{u}_2$ so groß wie die Geschwindigkeit des Schwebezustandes ($u_{2s} = u_{2b}$) angenommen werde und dann noch die Schaufel III, die zwischen II und IV liegen soll.

Für die Schaufel II gilt also noch früher (Tabelle I) $\mathfrak{u}_2 = u_{2s} = 15{,}283$; somit ist das Verhältnis $\mathfrak{v} = \frac{\mathfrak{u}_2}{c_0} = 6{,}460$. Damit rechnet sich aus der Gleichung 38 Winkel β_2:

$$\cot \beta_2 = 3{,}307 \text{ also } \sphericalangle\, \beta_2 = 16^0\, 49{,}'49;$$

$$\cot \beta_1 = 2{,}584 \text{ also } \sphericalangle\, \beta_1 = 21^0\, 9{,}'38.$$

Somit ergeben sich die Konstanten der Hauptgleichung mit:

$$A = 54{,}095, \quad B = 4{,}187, \quad C = 0{,}84.$$

Also bestimmt sich die Radgeschwindigkeit u_{2a} für den Zustand des Abschnappens aus

$$u_{2a} = \sqrt{2\,gH_n \frac{A}{B^2 + AC}} = 12{,}982 \text{ m/sek.}$$

Schließlich werde für die Zwischenschaufel III die Geschwindigkeit des stoßfreien Betriebes mit $u_2 = 13{,}0$ m/sek angenommen. Der Verhältniswert $\mathfrak{v}$ stellt sich zu $\mathfrak{v} = \frac{13{,}0}{2{,}366} = 5{,}495$. Aus Gleichung 38 rechnet sich dann $\sphericalangle\,\beta_2$ aus:

$$\cot\beta_2 = 1{,}830 \text{ also } \sphericalangle\,\beta_2 = 28^0\,36{,}'91,$$

$$\cot\beta_1 = \frac{r_1}{r_2}\mathfrak{v} = 2{,}1980 \text{ und } \beta_1 = 24^0\,27{,}'83.$$

Nun ergeben sich die Konstanten der Hauptgleichung:

$$A = 48{,}218,$$
$$B = 4{,}541,$$
$$C = 0{,}84.$$

Für den Grenzzustand des Abschnappens a wird dann die Radgeschwindigkeit

$$u_{2a} = \sqrt{2\,gH_n\,\frac{A}{B^2 + AC}} = 12{,}044 \text{ m/sek.}$$

Zur besseren Übersicht der Rechnungsergebnisse sind in die Tabelle III die charakteristischen Größen der Schaufeln I bis VI zusammengetragen worden.

Die Schaufeln I bis VI sind in der Fig. 8 dargestellt. Die Radgeschwindigkeiten der äußersten Schaufeln verhalten sich wie
16,336 : 9,600 = 1 : 0,588 = 1,7 : 1,0; ebenso groß ist das Verhältnis der Umlaufzahlen 780 : 458.

Die Möglichkeit, mit einer bedeutend kleineren Umlaufzahl auszukommen, wenn das Rad Schaufeln, die nach auswärts gekrümmt sind, erhält, mag diesem als ein Vorteil zuerkannt werden. Leider hat die Vorwärtskrümmung der Schaufeln aber auch Nachteile

Tabelle III.

Schaufel			Zustand a (u_2)	f (u_2)	$s(h)$ (u_2)	f (u_2)	$(u_2 - u_{2a})$	$\cot\beta_2$	$\sphericalangle\,\beta_2$
I	stark rückgekrümmt	$u_2 > u_{2s}$	13,283	—	15,283	16,336	+ 3,053	3,925	$14^0\,17{,}'64$
II	rückgekrümmt	$u_2 = u_{2s}$	12,982	—	15,283	15,283	+ 2,301	3,307	$16^0\,49{,}'49$
III	„	$u_2 < u_{2s}$	12,044	13,000	15,283	—	+ 0,956	1,833	$28^0\,36{,}'91$
IV	Rittinger	$u_2 < u_{2s}$	10,508	10,674	15,283	—	+ 0,166	0	90^0
V	vorgekrümmt	„	9,941	10,000	15,283	—	+ 0,059	— 0,637	$(180^0 - 37^0\,30{,}'17)$
VI	„	„	9,576	9,600	15,283	—	+ 0,024	— 1,056	$(180^0 - 43^0\,26{,}'4)$

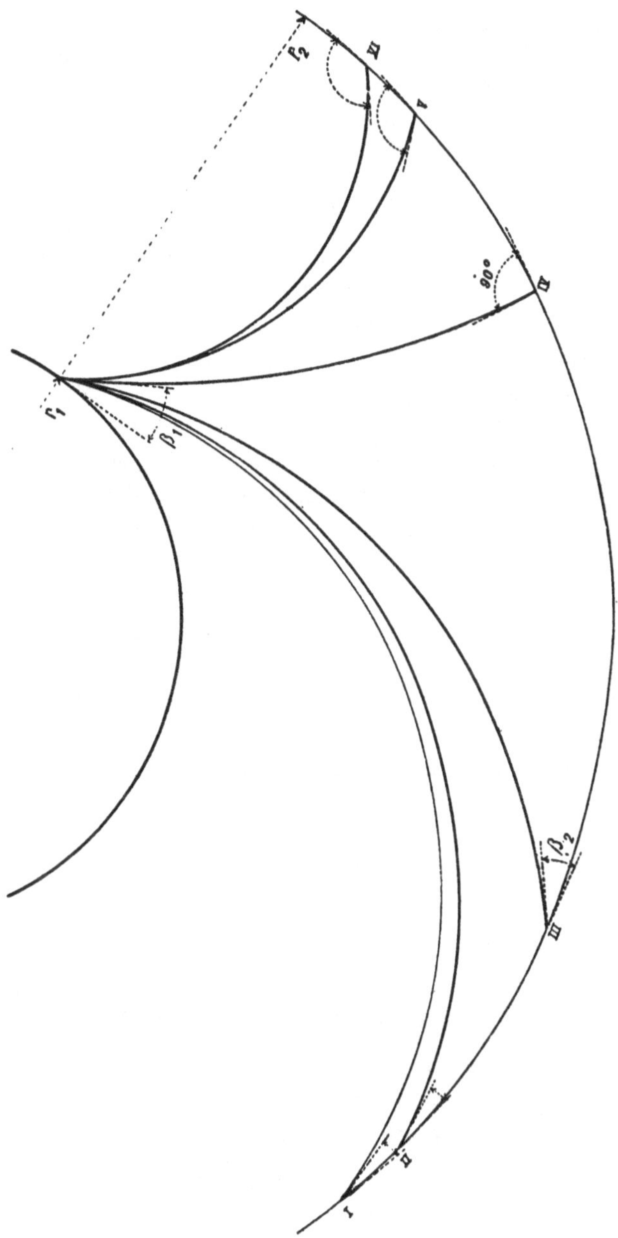

Fig. 8.

im Gefolge. Davon sei zunächst an dieser Stelle nur folgender besprochen.

Aus der Tabelle III ist ersichtlich, daß bei vorwärtsgekrümmten Schaufeln die Geschwindigkeit des Abschnappens u_{2a} sehr nahe neben der Geschwindigkeit des stoßfreien Betriebes u_2 liegt. Bei der Schaufel VI verhalten sich diese Radgeschwindigkeiten wie 9,576 : 9,600, also ebenso die Umlaufzahlen

$$n_a : n = 457,2 : 458,3.$$

Es ist daraus ersichtlich, daß schon eine kleine Abnahme der Geschwindigkeit von jener des stoßfreien Betriebes das Abschnappen zur Folge hat. Um beim normalen Antrieb dieser Gefahr vorzubeugen, muß die mit solchen Schaufeln versehene Pumpe derartige Abmessungen erhalten, daß sie die normale Wassermenge bei einer größeren Radgeschwindigkeit liefert als jener des stoßfreien Betriebes; freilich geschieht das dann auf Kosten des aufgewendeten Effektes, weil der Wirkungsgrad weit ab vom stoßfreien Betrieb viel kleiner ist.

13. *Pressungshöhen bei vorgekrümmter Schaufel (Kritik der vorgekrümmten Schaufel).* Den vorgekrümmten Schaufeln haftet noch der Nachteil an, daß bei solchen Pumpen die Wasserpressung an gewissen Stellen während des Betriebes sehr stark herabgesetzt wird; damit ist die Möglichkeit zur Hohlraumbildung gegeben, wodurch leicht geräuschvoller Gang und Wasserschläge eintreten können.

Um dies nachzuweisen, werde im folgenden die Ausrechnung der Pressungshöhen h_0, h_1, h_2, h_3 nach den früher entwickelten Formeln 26 bis 29 für die Schaufel V vorgenommen.*)

Dafür ist nach früher:

$$\cot \beta_2 = -0,637, \quad \cot \beta_1 = 1,6908, \quad \cot \alpha_3 = 4,864.$$

Ebenso sollen wie für die Ausrechnung der Pressungshöhen bei der früher behandelten Schaufel I (für die Formel 30) die folgenden Werte beachtet werden:

$$h_b = 10, \; H_s = 2,0, \; H_d = 8,0, \; \zeta_s = 0,45, \; \zeta_l = \\ = 0,12, \; \zeta_d = 1,49 \text{ (Abs. 10)}$$

---

*) Für diese Schaufel gilt die Hyperbel die Fig. 9 als Schaulinie. Die kleinere gestrichelte Hyperbel gehört der früher behandelten zurückgekrümmten Schaufel I an; sie ist aus Fig. 4 herübergenommen.

Damit ergeben sich dann die Formeln der Pressungshöhen für die Schaufel V:

$$\left.\begin{aligned} h_0 &= 8 - 1{,}45 \, . \frac{c_0^2}{2g} \\ h_1 &= h_0 + \frac{c_0^2}{2g} \, . \, 3{,}3816 \left(\frac{u_1}{c_0} - 1{,}6908\right) \\ h_3 &= 18 - 19{,}209 \, \frac{c_0^2}{2g} \\ h_2 &= h_3 - \frac{c_0^2}{2g} \, . \, 24{,}320 \left(\frac{u_1}{c_0} - 1{,}6908\right) \end{aligned}\right\} \qquad 39$$

Darnach wurden die Werte der Pressungshöhen für die Zustände *a, f, s, b, i* ausgerechnet und in die Tabelle IV eingetragen.

In Fig. 9 (siehe S. 40—41) sind einige Höhenwerte eingetragen. Es ist ersichtlich, daß die Druckhöhe h_1 (gleich nach erfolgtem Eintritt in das Rad) und die Druckhöhe h_3 (gleich nach erfolgtem Eintritt in den äußeren Leitapparat) mit zunehmender Radgeschwindigkeit eine sehr auffällige Abnahme erfahren.

Es ist von einigem Interesse, jene Radgeschwindigkeit auszumitteln, für welche die Höhe h_3 gleich Null wird. Aus der betreffenden Gleichung 39 ergibt sich

$$\frac{c_0^2}{2g} = \frac{18{,}0}{19{,}209} = 0{,}937 \text{ und daraus } c_0 = 4{,}288 \text{ m/sek.}$$

Die Konstanten der Hauptgleichung 6

$$Ac_0^2 - 2\,Bc_0\,u_2 - Cu_2^2 + 2\,gH_n = 0$$

haben für die Schaufel V die Werte (Absatz 12)

$$A = 26{,}795 \qquad B = 5{,}540 \qquad C = 20{,}84.$$

Nach Einsetzung dieser Werte entwickelt sich aus der Hauptgleichung die Formel

$$u_2 = -\,6{,}595\,c_0 \pm \sqrt{75{,}396\,c_0^2 + 233{,}571} = 11{,}968 \text{ m/sek.}$$

Die für diese Laufart — bei der $h_3 = 0$ wird — geltenden Werte sind in die vorletzte Spalte der Tabelle IV eingetragen worden.

Auch die Laufart, bei der sich $h_1 = 0$ ergibt, verdient eine Beachtung. Nach einer umständlichen Rechnung*) ergibt

*) Zur Ausrechnung der Größen $\mathfrak{v}$, c_0 und u_2 dienen außer der Hauptgleichung noch die Gleichungen: $u_2 = \mathfrak{v}c_0$ und $h_1 = 0 = = 8 - 1{,}45 \frac{c_0^2}{2g} + 3{,}3816 \left(\frac{r_1}{r_2}\,\mathfrak{v} - 1{,}6908\right) \frac{c_0^2}{2g}$ (aus Gleichung 39). Nach Eliminierung von u_2 und c_0 ergibt sich: $\mathfrak{v}^2 + 15{,}2029 \cdot \mathfrak{v} = 42{,}5648$; hieraus rechnet sich $\mathfrak{v} = 2{,}4158$, dann ergibt die angeführte Gleichung 39 den Wert c_0 und schließlich rechnet sich $u_2 = \mathfrak{v}c_0 = 2{,}4158 \cdot 6{,}3463 = = 15{,}331$ m/sek.

sich $\mathfrak{v} = 2,4158$, dann $c_0 = 6,3463$ und schließlich die Radgeschwindigkeit $u_2 = 15,331$ m/sek (Tabelle IV).

Tabelle IV.

	a	f	s	b	i	für $h_3 = 0$	für $h_1 = 0$
m/sek u_2	9,941	10,000	15,283	15,283	18,0	11,968	15,331
m/sek c_0	2,055	2,366	0	6,329	7,806	4,288	6,346
m $\frac{c_0^2}{2g}$	0,2152	0,2853	0^2	2,035	3,106	0,937	—
$\frac{u_2}{c_0} = \mathfrak{v}$	4,837	4,217	∞	2,429	2,306	2,791	2,416
m h_0	7,688	7,587	8,0	+ 5,049	+ 3,497	+ 6,643	—
m h_1	7,865	7,587	8,0	+ 0,072	− 4,573	+ 4,823	Null
m h_3	13,866	12,520	18,0	− 21,093	− 41,660	Null	—
m h_2	12,589	12,520	18,0	+ 14,700	+ 16,380	+ 13,092	—

Der Umstand, daß die Druckhöhe h_3 schon bei mäßig großer Radgeschwindigkeit $u_2 = 11,968$ m/sek gleich Null wird, läßt erkennen, daß der Betrieb einer solchen Pumpe schon beim Angehenlassen Störungen erleiden würde.

Es sei angenommen, eine Pumpe sei mit Schaufeln nach V ausgestattet worden und es wäre gelungen, durch einige Zeit den stoßfreien Betrieb f aufrecht zu erhalten, so würde doch wegen der Nähe des Zustandes a zu gewärtigen sein, daß bei auch nur numerisch geringfügiger Änderung der Radgeschwindigkeit das Abschnappen der Wassermasse eintritt: Das Wasser kommt in diesem Fall zur Ruhe, doch wird es in der Rohrleitung durch das Fußventil des Saugrohres gehalten. Die von diesem Ventil bis zur Steigrohrmündung reichende Wassermasse kann erst wieder in aufwärtssteigende Bewegung kommen, wenn die Radgeschwindigkeit bis etwas über die Geschwindigkeit des Schwebezustandes s gesteigert wird. Dabei gerät dann das Wasser in Bewegung und nähert sich sein Zustand rasch dem Zustande b (über s in der Schaulinie mit $u_{2b} = u_{2s}$). Weil aber diese Geschwindigkeit größer ist als die Radgeschwindigkeit $u_2 = 11,968$ des Zustandes, wo

$h_3 = 0$ ist, so treten sofort Hohlraumbildungen auf. Wenn die Radgeschwindigkeit rasch wieder ermäßigt wird, mag es vielleicht gelingen, diese Störungen abzukürzen und wieder für einige Zeit zum stoßfreien Betrieb zurückzukehren. Aber bei abermaliger kleiner Geschwindigkeitsabnahme wiederholen sich die geschilderten Vorgänge, denen man selbst durch rasch eingeleitete entsprechende Änderung der Radgeschwindigkeit kaum abhelfen kann. Wenn nun auch zugegeben werden muß, daß bei größeren Steighöhen die Pressungshöhe h_3 nicht die im obigen Beispiel festgestellte, verhängnisvolle Herabsetzung erfahren wird, so bleibt da doch noch die Reduktion der Höhe h_1 unangenehm fühlbar. Jedenfalls ist aus obigem Beispiel zu erkennen, daß es geboten ist, jede nach vorwärts gekrümmte Schaufel nach zwei Richtungen zu prüfen, bevor sie zur Ausführung gebracht wird: Zuerst soll ermittelt werden, wie nahe ihr normaler (stoßfreier) Betrieb dem Zustand des Abschnappens ist und zweitens wie groß sich die Pressungshöhen h_0 h_1 h_2 h_3 einstellen werden.

14. *Radarbeit und hydraulischer Wirkungsgrad mit der vorgekrümmten Schaufel V.* In gleicher Weise, wie dies bei der rückgekrümmten Schaufel (Abschnitt 11) geschehen ist, soll auch für die Schaufel V die Radarbeit und der Wirkungsgrad gerechnet werden. Diese Größen sollen nur für die Laufarten mit $u_2 \lesseqgtr 11{,}968$ m/sek (wo $h_3 = 0$ wird) bestimmt werden, weil sich bei größerer Geschwindigkeit die Hohlraumbildung einstellt, wodurch die Aufrechthaltung eines Beharrungszustandes unmöglich wird. Nach den Gleichungen 31 bis 34 ist

die Radarbeitshöhe $H_A = \frac{1}{g} u_2 (u_2 - c_0 \cot \beta_2)$
die Wassermenge $Q = F_0 c_0$
die Radarbeit $A = 1000\ QH_A$
der Wirkungsgrad $\eta = \frac{H_n}{H_A}$

Tabelle V

		a	f	für $h_3 = 0$
H_A	m	11,398	11,727	17,932
Q	m³	0,0260	0,0299	0,0542
A	mk	296,3	350,5	971,9
η		0,879	0,853	0,557

15. *Verhalten der Pumpe bei konstantbleibender Radgeschwindigkeit und veränderlicher Druckhöhe (Beziehungen zwischen dem u_2c_0-Diagramm und dem c_0H_n-Diagramm).* Zunächst sollen in das bisher benutzte Achsensystem mit den Koordinaten u_2 und c_0 die Schaulinien eines Rades für verschiedene Steighöhen eingezeichnet werden. Für dasselbe Rad sind die Konstanten B und C der Hauptgleichung 6, 6′ unabhängig von H_n, also für alle Steighöhen H_n gleichbleibend. Die Konstante A ist nur wegen des Gliedes ξ_Σ von H_n abhängig, doch nur merklich bei nicht steil angelegter langer Rohrleitung. Bei senkrechter Leitung und zwischen nicht sehr weit voneinander abliegenden Höhenwerten mag auch A als nahezu unabhängig von H_n gelten; das soll auch der Einfachheit wegen im weiteren Verlauf angenommen werden. Alle erwähnten Schaulinien sind Hyperbeln nach Gleichung 6 mit verschiedenen Werten für H_n (Fig. 10). Alle reellen Achsen fallen in dieselbe Gerade OA, weil die Neigungswinkel derselben zur Abszissenachse φ unabhängig von H_n ist. Ebenso fallen die Asymptoten in dieselben Geraden, weil auch ihre Neigungswinkel zur Achse OA von H_n nicht abhängen (Anmerkung nach Gl. 6′). Die Länge der Hyperbelhalbachsen ändert sich proportional mit $\sqrt{H_n}$, ebenso die Geschwindigkeit des Schwebezustandes u_{2s} und jene des Grenzzustandes a, nämlich u_{2a}.

Weil $\frac{c_{0a}}{u_{2a}} = \frac{B}{A}$ (n. Gl. 8′) und $\frac{c_{0b}}{u_{2b}} = 2\,\frac{B}{A}$ (n. Gl. 10) konstante Werte haben, liegen die Punkte a a' a'' und die Punkte b b' b'' der Hyperbeln in je derselben von O ausgehenden Geraden. Nach Gleichung 7′ ist für dasselbe Ver-

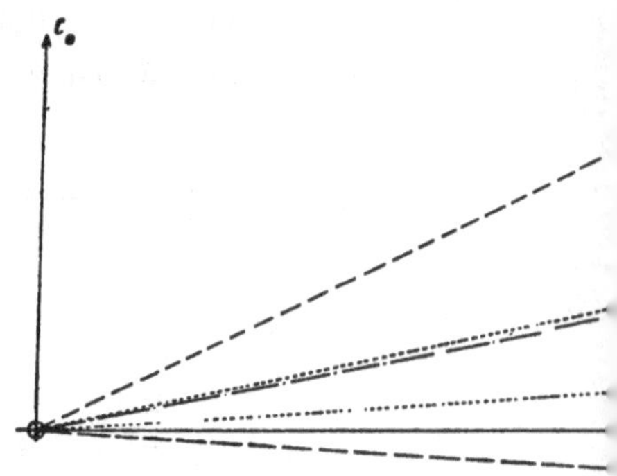

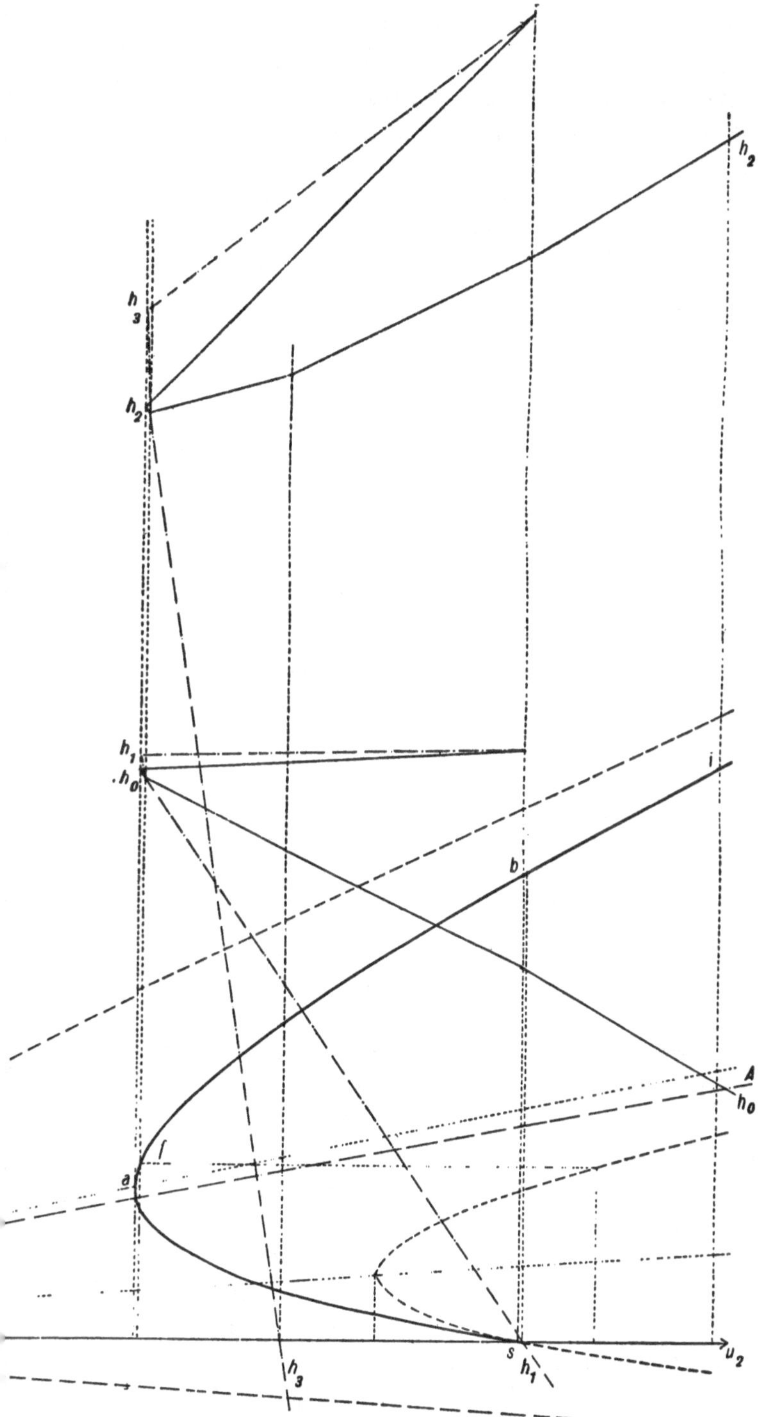

Fig. 9.

hältnis $\frac{u_2}{c_0} = \mathfrak{v}$ die Geschwindigkeit c_0 und deshalb auch die Wassermenge $Q = F_0 c_0$ proportional mit $\sqrt{H_n}$ veränderlich.

Um zu erkennen, wie sich die Pumpe bei konstantbleibender Radgeschwindigkeit u_2 und bei verschiedenen Steighöhen verhält, werde in Fig. 10 eine Lotrechte *11* im Abstande u_2 von *O* gezogen. Der berührenden Hyperbel *sab* komme der Steighöhe *H* zu; die zweite Hyperbel *s'a'b'* gehöre zur Höhe *H'* und sei so gelegen, daß ihr Punkt *s'* in der Lotrechten *11* sich befindet. Eine dritte Hyperbel komme einer Höhe *H''* zu; es ist $H > H' > H''$.

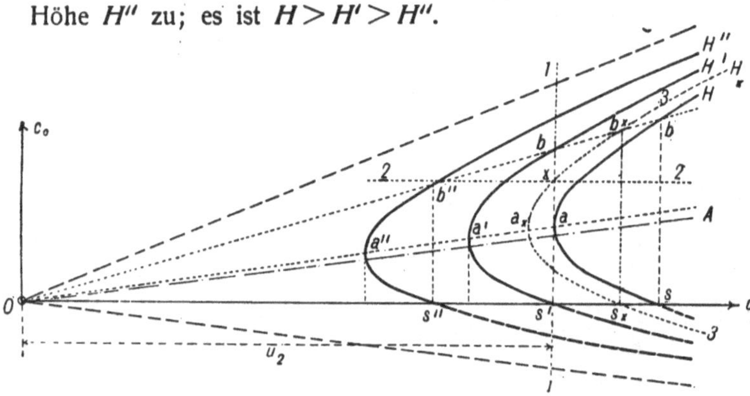

Fig. 10.

H ist die größte Höhe, auf welche bei der Geschwindigkeit u_2 gerade noch Wasser gefördert werden kann. Für eine größere Höhe liegt die Hyperbel rechts von *sab*; sie gibt keinen Schnitt mit *11*, was anzeigt, daß für sie kein Beharrungszustand erreicht werden kann. Die Hyperbel *s'a'b'* für die Höhe *H'* hat mit *11* zwei Schnitte; der eine liegt auf der Abszissenachse *s'*, der andere höher *b'*. Für alle Höhen zwischen *H* und *H'* gibt es also bei der gegebenen Radgeschwindigkeit u_2 zwei mögliche Beharrungszustände: einen stabilen im Hyperbelteil oberhalb von *a'a* und einen labilen im Teil unterhalb von *a'a*. Endlich fällt die Hyperbel *s''a''b''* für *H''* wegen $H'' < H'$ links von *s'a'b'*; nur ein Schnitt von ihr mit der Lotrechten *11* liegt oberhalb der Abszissenachse; weil er oberhalb *a''a'* liegt, weist er auf einen stabilen Beharrungszustand.

Zur bequemeren Veranschaulichung des Verhaltens einer Pumpe bei konstanter Radgeschwindigkeit und bei veränderlicher Höhe ist eine besondere Figur entworfen worden (Fig. 11). Die Schaulinie $\sigma'\alpha\beta'$ veranschaulicht die Abhängigkeit der

Wassergeschwindigkeit c_0 (Abszisse) von der Steighöhe H_n (Ordinate) bei konstantbleibender Radgeschwindigkeit u_2. Diese Linie ist eine P a r a b e l, was die Hauptgleichung 6 (im Absatz 4) mit den Veränderlichen c_0 und H_n erkennen läßt.

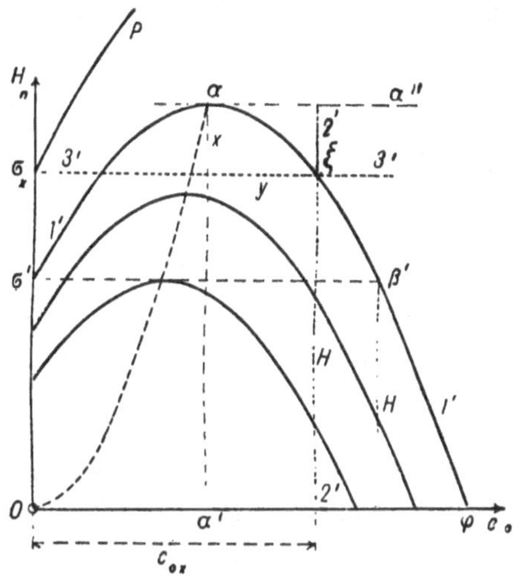

Fig. 11.

Die Hauptgleichung

$$A c_0^2 - 2 B u_2 c_0 - C u_2^2 + 2 g H_n = 0 \qquad 40$$

ergibt zunächst für den Punkt σ' für $c_0 = 0$ die Höhe $H_n = O\sigma' = C \frac{u_2^2}{2g}$.

Zu einer Höhe H_n gehört die Wassergeschwindigkeit c_0 (Gleich. 7):

$$c_0 = \frac{B}{A} u_2 \pm \sqrt{\left(\frac{B^2}{A^2} + \frac{C}{A}\right) u_2^2 - \frac{2 g H_n}{A}} \qquad 40'$$

Zur größten Höhe $\alpha\alpha'$ gehört nur e i n e Wassergeschwindigkeit $O\alpha'$; für sie wird die Wurzelgröße gleich Null, was für

$$H_n = \alpha\alpha' = \left(\frac{B^2}{A} + C\right) \frac{u_2^2}{2g}$$

zutrifft; die Abszisse ist $c_0 = O\alpha' = \frac{B}{A} u_2$.

Dem Fußpunkt φ der Parabel kommt $H_n = 0$ zu, somit rechnet sich hierfür aus der obigen Gleichung 40':

$$c_0 = O\varphi = \left(\frac{B}{A} + \sqrt{\frac{B^2}{A^2} + \frac{C}{A}}\right) \cdot u_2.$$

Aus den vorstehenden Formeln ist ersichtlich, daß die Abszissen $O\alpha'$ und $O\varphi$ sich proportional mit u_2, dagegen die Ordinaten $O\sigma'$ und $\alpha\alpha'$ sich proportional mit u_2^2 ändern.

Die Fig. 11 zeigt mehrere Parabeln, jede für einen besonderen Wert von u_2. Wird die Hauptgleichung der Parabel vom Achsensystem $c_0 O H_n$ ins Achsensystem $\alpha''\alpha\alpha'$ mit den neuen Koordinaten x und y transformiert, so ergibt sich die Scheitelgleichung $y^2 = \frac{2g}{A} \cdot x$, also mit einem für alle Parabeln gleichbleibenden Parameter. Die Scheitel liegen in einer besonderen Parabel, die in der Figur gestrichelt ist; deren Scheitelgleichung ergibt sich leicht, wenn $O\alpha'$ mit η und $\alpha'\alpha$ mit ξ bezeichnet wird:

$$\eta^2 = \frac{2g}{A} \cdot \frac{B^2}{B^2 + AC} \cdot \xi.$$

Das Verzeichnen der Schauparabeln kann also leicht mit e i n e r Schablone geschehen, wenn diese parallel so verschoben wird, daß ihr Scheitel in der gestrichelten Parabel $O\alpha$ zu liegen kommt.

Die Zustände mit der gleichen Radgeschwindigkeit u_2 werden im $u_2 c_0$-Diagramm (Fig. 10) durch die Punkte auf der Lotrechten *11* (mit der Abszisse u_2) dargestellt, dagegen werden sie im $c_0 H_n$-Diagramm (Fig. 11) durch die Punkte auf der Parabel *1'1'* angegeben. Dem Punkt a, wo die Lotrechte *11* von der Hyperbel mit der größten Steighöhe H berührt wird, kommt im andern Diagramm der Punkt α zu. Die Punkte s' und b' liegen gleichzeitig auf der Lotrechten *11* und auf der Hyperbel der Höhe H'; ihnen kommen im anderen Diagramm die Punkte σ' und β' mit der gleichen Ordinate H' zu. σ' liegt in der Ordinatenachse, wie s' in der Abszissenachse, weil für ihren Zustand $c_0 = 0$ ist. Die lotrechte Strecke $s'ab'$ umfaßt also dieselben Zustände, die im anderen Diagramm durch das Parabelstück $\sigma'\alpha\beta'$ angegeben werden; die s t a b i l e n Zustände sind durch ab' bezw. $\alpha\beta'$, die l a b i l e n Zustände durch as' bezw. $\alpha\sigma'$ dargestellt.*)

*) Analog mit dieser Beziehung beider Diagramme zu einander ist noch jene anzuführen, derzufolge die Zustände mit der gleichen Steighöhe H_n in dem einen Diagramm durch die Punkte längs der Hyperbel $s'a'b'$ und im anderen Diagramm durch die Punkte längs der Wagerechten $\sigma'\beta'$ angegeben sind. Beide Diagramme sollen noch dazu benutzt werden, um den Nachweis aus dem $c_0 H_n$-Diagramm (das zur Darstellung der Versuchsergebnisse zumeist benutzt wird) zu bringen, daß die Beharrungsgeschwindigkeit nicht immer größer als die Geschwindigkeit des Schwebezustandes bei derselben Steighöhe sein muß, sondern daß sie auch kleiner als die letztere sein kann.

In Fig. 12 ist noch die Parabel SAR für die rückgekrümmte Schaufel I und die Parabel $S'A'V$ für die vorgekrümmte Schaufel V eingetragen und zwar jede Parabel für

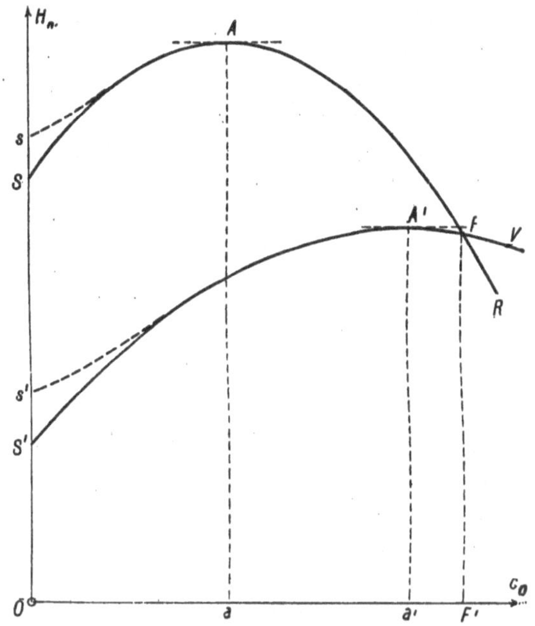

Fig. 12.

Diese Behauptung habe ich schon im Jahre 1891 aufgestellt (Z. d. V. d. Ing. 1891, S. 1046). Zeuner ist dieser Behauptung entgegengetreten (Vorles. üb. Theorie d. Turbinen 1899, S. 338). Seither sind viele Versuche an Zentrifugalpumpen vorgenommen worden und über manche wurde in der Literatur berichtet. Die meisten Diagramme sind nach dem $c_0 H_n$-System (Fig. 11) veranschaulicht. Der stabile Zustand, der etwa durch den Punkt ξ dargestellt ist, wird im $u_2 c_0$-Diagramm (Fig. 10) durch den Punkt x angegeben. Die durch letzteren Punkt gezeichnete Hyperbel umfaßt alle Zustände mit derselben Steighöhe H_x; der Punkt s_x gibt den Schwebezustand an. Mit einem Blick ist zu ersehen, daß die Radgeschwindigkeit des Beharrungszustandes x kleiner ist, als jene des Schwebezustandes s_x bei gleicher Steighöhe. Jeder einzelne Versuch, dessen Zustandspunkt in den Parabelteil $\alpha\beta'$ zu liegen kommt, ist also ein Beweis für die Richtigkeit der von mir aufgestellten, oben erwähnten Behauptung. Dieser Nachweis kann auch direkt aus dem Parabeldiagramm erbracht werden: Zum Beharrungszustand ξ gehört die Radgeschwindigkeit u_2 mit der Parabel $\sigma'\alpha\beta'$; zur gleichen Steighöhe H_x gehört der Schwebezustand σ_x und zu diesem die aufsteigende Parabel $\sigma_x P$, der eine Geschwindigkeit zukommt, die größer als u_2 ist.

jene Radgeschwindigkeit u_2, bei der jede dieser Pumpen die normale Wasserförderung — 30 Liter in einer Sekunde auf 10 m Höhe — ergibt. An die Stelle der Koordinaten $O\sigma'$, $O\alpha'$, $\alpha\alpha'$ der Fig. 11 treten hier (Fig. 12) die Koordinaten OS, $O\alpha$, aA bezw. OS', Oa', $a'A'$. Die Werte dieser Strecken rechnen sich aus den Formeln jener Koordinaten mit Beachtung der folgenden Konstantenwerte:

für die Schaufel I (Parabel SAR):

$A = 61{,}434$, $B = 4{,}084$, $C = 0{,}84$, $u_2 = 16{,}336$ m/sek,

für die Schaufel V (Parabel $S'A'V$):

$A = 26{,}795$, $B = 5{,}540$, $C = 0{,}84$, $u_2 = 10{,}000$ m/sek.

Die so gerechneten Koordinatenwerte der Fig. 12 sind in die Tabelle VI eingesetzt worden (in Fig. 12 nach entsprechenden Maßstäben dargestellt):

Tabelle VI

	OS und OS'	Oa und Os'	Aa und $A'a'$
	m	m/sek	m
Rückgekrümmte Schaufel I	11,422	1,086	15,118
Vorgekrümmte Schaufel V	4,281	2,067	10,110

Die Parabeln der anderen Schaufeln II, III, IV und VI, die jedesmal auch für jene Radgeschwindigkeiten gelten, bei denen die normale Wassermenge (0,030 m³) auf die Höhe von 10,0 m gehoben werden kann, würden alle durch denselben Punkt F gehen. Die Parabeln der Schaufeln II, III, IV würden zwischen den Linien SAF und $S'A'F$ zu liegen kommen. OF' bedeutet die gemeinsame Wassergeschwindigkeit $c_0 = 2{,}366$ m/sek und $F'F$ die gemeinsame Steighöhe $H_n = 10{,}0$ m.*)

*) Manche der an Zentrifugalpumpen angestellten Versuche haben zu Schaulinien geführt, die in Fig. 12 in sA und $s'A'$ für die aufsteigenden Teile eingezeichnet sind (Reichel in der Z. f. d. ges. Turbinenwesen 1908, S. 101 und Biel in den Mitteilungen über Forschungsarbeiten, Heft 42). Reichel bespricht (S. 122) das Verhalten der Pumpe in den Zuständen längs sA und erwähnt auch die turbulenten Vorgänge bei solchen Betrieben. Nach der früher gegebenen Erläuterung entsprechen diese Zustände jenen der Linien as, $a's'$, $a''s''$ im $u_2 c_0$-Diagramm (Fig. 10); solche Zustände haben aber labilen Charakter. Wegen der Schwierigkeit, einen derartigen Beharrungszustand aufrecht zu erhalten, ist auch die Beobachtung desselben sehr schwierig und daher nicht immer ganz zuverlässig.

16. *Spaltverlust, Radseitenreibung, Lagerreibung.* Die Ergebnisse der an Zentrifugalpumpen angestellten Versuche werden noch durch Umstände beeinflußt, die bisher keine Erwähnung gefunden haben. So: 1. durch die Rückströmung eines Teiles des durch das Rad gedrückten Wassers zwischen den Radseitenwänden und den Gehäusewänden; 2. durch äußere Reibungsvorgänge zwischen diesem rückströmenden Wasser und den Radseitenwänden und 3. durch die Reibung in den Wellzapfenlagern. Um die Vorgänge innerhalb des Rades aus den Beobachtungen richtig folgern zu können, ist es wichtig, auch den Einfluß der hier angeführten Umstände richtig zu beurteilen und ihn dann rechnungsmäßig richtig zu bewerten.

Wenn mit Q die Wassermenge bezeichnet wird, die in einer Sekunde durch das Rad geht, und mit q die Menge, die in einer Sekunde vom äußeren Spaltraum des Rades zwischen Rad und Gehäusewand zum inneren Spaltraum zurückgelangt, dann ist mit $(Q - q) = \mathfrak{Q}$ die Wassermenge anzusetzen, die in einer Sekunde in der Saugleitung angesaugt und die in derselben Zeit in der Druckleitung emporgehoben wird.

F_0 sei wieder die Durchflußöffnung beim Austritt aus dem Leitapparat, F_1 die Durchflußöffnung beim Eintritt in das Rad; F_2 die Öffnung beim Austritt aus dem Rad, F_3 die Öffnung beim Eintritt in den äußeren Leitapparat. c_0 sei die radialgerichtete Wassergeschwindigkeit in das Rad, c_{r2} die radialgerichtete Wassergeschwindigkeit aus dem Rad und c'_{r2} die ebenso gerichtete Geschwindigkeit des Wassers in den äußeren Leitapparat. Für $F_0 = F_1$ und $F_2 = F_3$ gelten dann die Gleichungen:

$$Q = F_0 c_0 = F_2 c_{r2} \text{ und } (Q - q) = \mathfrak{Q} = F_2 c'_{r2} \qquad 41$$

In den Rohrleitungen und an der Mündung des Steigrohres sei derselbe Querschnitt F. Wegen $\mathfrak{Q} = F c_s = F c_d = F c_a$ ist also die Wassergeschwindigkeit daselbst gleich groß. Also ist

$$\left.\begin{array}{llll} c_s = c_d = c_a = c_0 \cdot \dfrac{\mathfrak{Q}}{Q} \cdot \dfrac{F_0}{F} & \text{und für } F_0 = F & \text{auch gleich} & c_0 \dfrac{\mathfrak{Q}}{Q} \\ c_{r2} = c_0 \dfrac{F_0}{F_2} & \quad ,, \quad ,, \quad F_0 = F_2 & ,, & c_{r2} = c_0 \\ c'_{r2} = c_0 \cdot \dfrac{\mathfrak{Q}}{Q} \cdot \dfrac{F_0}{F_2} & \quad ,, \quad ,, \quad F_0 = F_2 & ,, & c'_{r2} = c_0 \dfrac{\mathfrak{Q}}{Q} \end{array}\right\} \quad 42$$

Die rückströmende Wassermenge wird nach folgender Überlegung zu bestimmen gesucht (siehe auch Fig. 7). Am äußeren Umfang sei der Spaltdruck h_2, der Halbmesser ist r_2. An die Stelle, wo innen der Anschlußring des Rades an dem Gehäuse anliegt, sei der Halbmesser r_i (jedenfalls etwas > als r_1) und die Pressung h_i (noch zwischen Radseitenwand und Gehäusewand); dagegen sei die Pressung im inneren Spaltraum h_1. Die radiale Weite des Spielraumes an der Dichtstelle sei mit σ und der Ausflußkoeffizient mit μ bezeichnet. Die in einer Sekunde an der Dichtstelle zum inneren Spaltraum zurückgelangende Wassermenge läßt sich somit ausdrücken, da auf beiden Radseiten Wasser zurückströmt:

$$q = \mu \,.\, 4\,\pi r_i \,.\, \sigma \sqrt{2g\,(h_i - h_1)}\text{*)} \qquad 43$$

Der Druck zwischen Rad und Gehäusewand an der Dichtstelle h_i wird sich nach dem Umstand einstellen, ob das Wasser in diesem Zwischenraum an der Rotation des Rades nicht teilnimmt oder teilweise teilnimmt oder voll teilnimmt. Es wird gelten:

$$h_i = h_2 - \chi \frac{u_2^2 - u_1^2}{2g} \qquad 44$$

Hier ist $\chi = 0$ zu setzen, wenn das Zwischenwasser nicht mitrotiert, was der Fall wäre, wenn die Radwand glatt, jedoch die Gehäusewand mit Rippen zur Verhinderung der Wasserdrehung ausgestattet wäre. Dagegen ist $\chi = 1$ zu setzen, wenn das Zwischenwasser an der Raddrehung voll teilnimmt, was geschehen würde, wenn die Gehäusewand glatt wäre, jedoch die Radseitenwand mit Rippen behufs Mitnahme des Wassers ausgestattet wäre. Sind beide Wandungen glatt gemacht, dann darf angenommen werden, daß das Wasser mit der halben Radgeschwindigkeit rotiert, dann ist $\chi = \frac{1}{4}$ einzusetzen.

Durch besondere Versuche, in denen die Druckhöhen h_i und h_2 manometrisch ermittelt werden, ließe sich χ aus Gleichung 44 rechnen. Der Druckhöhenunterschied der Gleichung 43 ist also nach 44

$$(h_i - h_1) = (h_2 - h_1) - \chi \frac{u_2^2 - u_1^2}{2g}$$

Nun rechnet sich der Unterschied $(h_2 - h_1)$ aus Gleich. 23 mit

$$h_2 - h_1 = \frac{c_1^2 - c_2^2}{2g} + H''_A - \zeta_r \frac{w_2^2}{2g}$$

*) Für den seltenen Fall, daß die Rückbewegung des Wassers nur auf einer Radseite erfolgt, müßte obiger Wert für q durch 2 dividiert werden.

Aus Fig. 3 nun lassen sich c_1^2, c_2^2 und w_2^2 und aus Gleichung 3 die Arbeitshöhe H_A'' ausdrücken nach

$$c_1^2 = c_0^2 + (u_1 - c_0 \cot \beta_1)^2$$

$$c_2^2 = c_{r2}^2 + (u_2 - c_{r2} \cot \beta_2)^2$$

$$H''_A = \frac{1}{g} u_2 (u_2 - c_{r2} \cot \beta_2) - \frac{1}{g} u_1 (u_1 - c_0 \cot \beta_1)$$

$$w_2^2 = \frac{c_{r2}^2}{\sin^2 \beta_2} = c_{r2}^2 (1 + \cot^2 \beta_2).$$

Behufs Vereinfachung sei $F_0 = F_2$ genommen, dann ist $c_{r2} = c_0$ zu setzen (Gleichung 42). Nach Einsetzung des so ausgedrückten Druckhöhenunterschiedes in Gleichung 43 ergibt sich für die Wassermenge q der Ausdruck 45

$$q = \mu \, . \, 4 \pi r_2 \, . \, \sigma \sqrt{2g(1-\chi)(u_2^2 - u_1^2) - c_0^2 (\cot^2 \beta_2 - \cot^2 \beta_1 - \zeta_r - \zeta_r \cot^2 \beta_2)}$$

Der Spielraum σ muß durch genaueste Messung des äußeren Durchmessers des Anschlußringes des Rades und des inneren Durchmessers der anschließenden Gehäuseöffnung ermittelt werden.

Der Halbmesser r_i, die Winkel β_1 und β_2 sind dem gegebenen Rade zu entnehmen, die Radgeschwindigkeiten u_1 und u_2 aus der Umlaufzahl zu rechnen. Die Geschwindigkeit c_0 läßt sich aus Gleichung 42 ausdrücken:

$$c_0 = c_a \, . \, \frac{Q}{\mathfrak{Q}} \frac{F}{F_0} \text{ oder } c_0 = c_a \, . \, \frac{Q}{\mathfrak{Q}},$$

wenn $F = F_0$ ist.

Behufs Ausrechnung von c_0 ist also $Q = \mathfrak{Q} + q$ für eine erste Rechnung durch Schätzung von q anzusetzen. Es bleiben noch die Größen μ, χ und ζ_r, die nur durch geeignete Versuche ermittelt werden können.

Fig. 13.

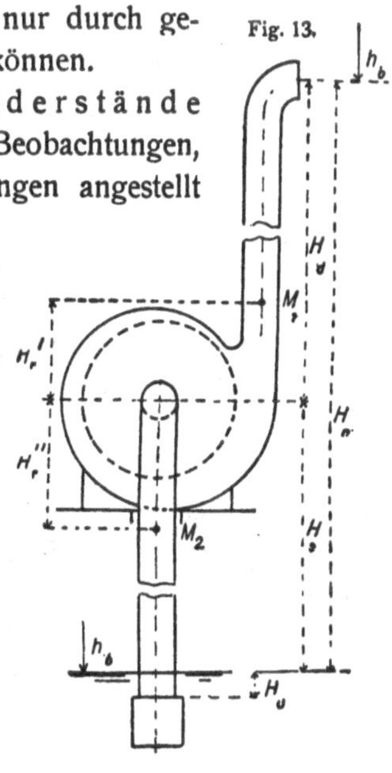

Die Rohrleitungswiderstände mögen aus den manometrischen Beobachtungen, die an passenden Stellen der Leitungen angestellt werden, ermittelt werden, etwa bei M_1 und M_2 in Fig. 13. Der manometrische Überdruck bei M_1 ist 46

$$h_{m1} = H_d - H'_r + \zeta_d \frac{c_d^2}{2g} + \frac{c_a^2}{2g} - \frac{c_d^2}{2g}$$

Daraus rechnet sich $\zeta_d \frac{c_d^2}{2g}$. Der manometrische Unterdruck bei M_2 ist

$$h_{m2} = H_s - H_r'' + \zeta_s \frac{c_s^2}{2g} + \frac{c_s^2}{2g} \qquad 47$$

woraus sich $\zeta_s \frac{c_s^2}{2g}$ berechnen läßt.

Der Unterschied der absoluten Druckhöhen bei M_1 und M_2 ist

$$(h_b + h_{m_1}) - (h_b - h_{m_2}) = h_{m_1} + h_{m_2} =$$
$$= (H_s + H_d) - (H_{r'} + H_{r''}) +$$
$$+ \zeta_d \frac{c_s^2}{2g} + \zeta_s \frac{c_s^2}{2g} - \frac{c_d^2}{2g} + \frac{c_s^2}{2g} + \frac{c_a^2}{2g}.$$

Die Wellenarbeit L_w läßt sich aus den Bestimmungsgrößen des elektrischen Stromes des Antriebmotors und aus dessen Wirkungsgrad oder auch durch Bremsung des Motors bei ausgeschalteter Pumpe ermitteln. Diese Arbeit wird verwendet zur Überwindung der Lagerreibung L_{rl}, auch zur Überwindung der Radseitenreibung L_{rw} und zur Leistung der eigentlichen hydraulischen Radarbeit $A = 1000\ QH_A$, die vom Rade auf die durchs Rad gehende Wassermenge übertragen wird. Also ist

$$L_w = L_{rl} + L_{rw} + 1000\ QH_A \qquad 48$$

Daraus läßt sich L_{rw} rechnen, wenn vorher L_{rl} durch besondere Versuche erhoben und H_A nach Gleichung 3″ aus

$$H_A = \frac{1}{g} u_2 (u_2 - c_{r_2} \cot \beta_2)$$

bestimmt wird. Somit ist dann

$$L_{rw} = L_w - L_{rl} - 1000\ QH_A \qquad 48'$$

Nun kann endlich darangegangen werden, die Verluste H_{v1} und H_{v2} beim Übertritt des Wassers in das Rad bezw. in den äußeren Leitapparat zu ermitteln. Die Radarbeit 1000 QH_A wird aufgewendet: 1. zum Heben der Menge $\mathfrak{Q}$ auf die Höhe H_n, zur Überwindung der Rohrleitungswiderstände und zur Erzielung der Austrittsgeschwindigkeit c_a in der Mündung des Steigrohres; aber auch 2. zur Überwindung der Widerstände bei den Übergängen in das Rad und aus dem Rad, dann im Rade selbst und vom Eintritt in den äußeren Leitapparat bis zum Beginn der Druckleitung. Sonach gilt die Gleichung

$$1000\ QH_A = 1000\ \mathfrak{Q}\left(H_n + \zeta_s \frac{c_s^2}{2g} + \zeta_d \frac{c_d^2}{2g} + \frac{c_a^2}{2g}\right) +$$
$$+ 1000\ Q\left(H_{v_1} + H_{v_2} + \zeta_r \frac{w_2^2}{2g} + \zeta_l \frac{c_3^2}{2g}\right) \qquad 49$$

Werden die Widerstandszahlen durch besondere Versuche ermittelt, so läßt sich aus dieser Gleichung die Summe $(H_{v1} + H_{v2})$ rechnen. Mit dieser Summe werden die Werte dieser Verluste verglichen, die sich aus den Gleichungen 4 bestimmen lassen. Bei Nichtübereinstimmung wird die Einführung von Verbesserungsfaktoren versucht.

Statt $H_{v1} = \frac{\overline{w_0 w_1}^2}{2g}$ wird nach Fig. 3 gesetzt:

$$H_{v1} = k_s \cdot \frac{\overline{x_1 w_0}^2}{2g} + k_w \frac{\overline{w_1 x_1}^2}{2g} \qquad 50$$

Statt $H_{v2} = \frac{\overline{c_3 c_2}^2}{2g}$ wird nach Fig. 3 gesetzt:

$$H_{v2} = k_s \cdot \frac{\overline{x_2 c_2}^2}{2g} + k_w \cdot \frac{\overline{c_3 x_2}^2}{2g} \qquad 50'$$

Die aus Gleichung 49 ermittelte Summe von $H_{v1} + H_{v2}$ wird gleichgesetzt der Summe der Werte für H_{v1} und H_{v2} aus 50 und 50′, wofür die Geschwindigkeitswerte $\overline{x_1 w_0}$, $\overline{w_1 x_1}$, $\overline{x_2 c_2}$, $\overline{c_3 x_2}$ aus der Fig. 3 gerechnet werden können. Aus den so für je zwei Versuche nach 49 zusammengestellten Gleichungen können die Werte der Verbesserungsfaktoren k_s und k_n ermittelt werden*). Sind die Werte der k_s nicht viel voneinander abweichend und dann auch jene der k_w, dann läßt sich der Mittelwert der k_s und auch jener der k_w als angenähert für alle Versuche geltend ansehen. Sollten sich auch bei Versuchen mit anderen Rädern gleichgroße Mittelwerte ergeben, dann wären damit allgemein geltende Werte für diese empirischen Faktoren gefunden.

17. *Gesamt-Wirkungsgrad* η_g. Die ganze auf die Welle von außen übertragene mechanische Leistung ist L_w; die vom Rad an das Wasser abgegebene Leistung ist $L_w - L_r = 1000\, Q H_A$; die tatsächlich erzielte Nutzleistung ist $1000\, \mathfrak{Q} \cdot H_n$. Somit schreibt sich der Gesamt-Wirkungsgrad η_g

$$\eta_g = \frac{1000\, \mathfrak{Q} H_n}{L_w} = \frac{1000\, \mathfrak{Q} H_n}{1000\, \mathfrak{Q}(H_n + H_{\Sigma v})} \cdot \frac{1000\, \mathfrak{Q}(H_n + H_{\Sigma v})}{1000\, Q H_A} \cdot \frac{1000\, Q H_A}{L_w}$$

Hierin bedeutet $H_{\Sigma v}$ die Summe a l l e r hydraulischen Verlusthöhen mit A u s n a h m e der Stoßverlusthöhen H_{v1} und H_{v2}. Also wird

$$\eta_g = \frac{H_n}{H_n + H_{\Sigma v}} \cdot \frac{\mathfrak{Q}(H_n + H_{\Sigma v})}{Q H_A} \cdot \frac{L_w - L_r}{L_w} \qquad 51$$

Darin kann bezeichnet werden

$\frac{H_n}{H_n + H_{\Sigma v}} = \eta_l$ als der Wirkungsgrad der Wasserhebung mit Außerachtlassung der Stoßverlusthöhen H_{v1} und H_{v2},

$\frac{\mathfrak{Q}(H_n + H_{\Sigma v})}{Q H_A} = \eta_p$ als der Wirkungsgrad der Pumpe,

$\frac{L_w - L_r}{L_w} = \eta_d$ als der dynamische Wirkungsgrad der Anlage.

*) In ähnlicher Weise können auch bei Turbinen die Rechnungsergebnisse mit den Versuchsergebnissen in Einklang gebracht werden (meine Abhandlung „Das Verhalten der Turbine bei verschiedener Belastung"; „Turbine" 1909, S. 225, Gleich. 39).

Für $Q = \mathfrak{Q}$, wenn keine Rückströmung des Wassers zwischen Rad und Gehäusewand angenommen werden darf, ist $\eta_l \cdot \eta_p = \frac{H_n}{H_A}$, also gleich η dem früher eingeführten hydraulischen Wirkungsgrad (Gleich. 34).

Dümmerling*) setzt eine Formel an, die sich nach obigen Bezeichnungen schreiben läßt:

$$\eta_g = \frac{H_n}{H_n + H_{\Sigma v}} \cdot \eta_p'$$

η_p' hat also die Bedeutung von $\eta_p \cdot \eta$ der Gleichung 51, kann also auch geschrieben werden:

$$\eta_p' = \frac{1000\,\mathfrak{Q}\,(H_n + H_{\Sigma v})}{L_w}$$

18. *Mehrstufige Zentrifugalpumpe.* Der Rechnungsgang für die Ausmittelung einer mehrstufigen Zentrifugalpumpe kann leicht nach dem Rechnungsgang für ein Einzelrad nach den Gleichungen 2 und 13 abgeleitet werden. Es sollen i Räder, auf derselben Welle vereinigt, die geforderte Wassermenge auf die Höhe H_n heben. Für den stoßfreien, normalen Betrieb ergibt sich aus Gleichung 2:

$$iH_A = H_n + \zeta_s \frac{c_s^2}{2g} + i\zeta_r \frac{w_2^2}{2g} + i\zeta_l \frac{c_3^2}{2g} + \zeta_d \frac{c_d^2}{2g} + \frac{c_a^2}{2g} \qquad 52$$

Wie früher sei c_0 die radiale Eintrittsgeschwindigkeit in jedes Rad; ferner

$$w_2^2 = \frac{c_{r2}^2}{\sin^2\beta_2} = c_{r2}^2 (1 + \cot^2\beta_2), \quad c_3^2 = \frac{c_{r2}^2}{\sin^2\alpha_3} = c_{r2}^2 (1 + \cot^2\alpha_3),$$

$$\cot \alpha_3 = \frac{r_2}{r_1} \frac{c_0}{c_{r2}} \cot \beta_1 - \cot \beta_2.$$

Die Radarbeitshöhe für jedes Rad ist also

$$H_A = \frac{H_n}{i} + \frac{c_0^2}{2g}\left[\frac{\zeta_s}{i} \cdot \frac{c_s^2}{c_0^2} + \zeta_r \frac{c_{r2}^2}{c_0^2}(1 + \cot^2\beta_2) + \zeta_l \frac{c_{r2}^2}{c_0^2}(1 + \cot^2\alpha_3) + \right.$$

$$\left. + \frac{\zeta_d}{i} \frac{c_d^2}{c_0^2} + \frac{c_a^2}{i c_0^2}\right]$$

Die Durchflußquerschnitte normal zu den Geschwindigkeiten c_0 c_s c_{r2} c_d c_a seien mit F_0 F_s F_2 F_d F_a bezeichnet, dann ist

$$Q = F_0 c_0 = F_s c_s = F_2 c_{r2} = F_d c_d = F_a c_a$$

Daher können in der früheren Gleichung für H_A die Geschwindigkeitsverhältnisse durch die entsprechenden umgekehrten Querschnittsverhältnisse ersetzt werden. Wenn behufs Vereinfachung des Ausdruckes obige Querschnittsflächen

*) Zeitschrift d. österreich. Ing.- u. Arch..-Vereins (1908 S. 463).

gleich groß angenommen werden, müssen auch die Geschwindigkeiten gleich groß sein. Dann wird

$$H_A = \frac{H_n}{i} + \frac{c_0^2}{2g}\left[\frac{\zeta_s}{i} + \zeta_r(1+\cot^2\beta_2) + \zeta_l(1+\cot^2\alpha_3) + \frac{\zeta_d}{i} + \frac{1}{i}\right] \quad 53$$

Der Klammerausdruck tritt an die Stelle von $(\zeta_\Sigma + 1)$ in der Gleichung 13. Daher ist für die Zentrifugalpumpe mit i-Stufen statt $(\zeta_\Sigma + 1)$ zu setzen

$$\left(\frac{\zeta_s}{i} + \zeta_r + \zeta_l + \frac{\zeta_d}{i} + \zeta_r \cot^2\beta_2 + \zeta_l \cot^2\alpha_3 + \frac{1}{i}\right) \quad 53'$$

Hierin ist zu setzen

$$\cot^2\alpha_3 = \left(\frac{r_2}{r_1}\cot\beta_1 - \cot\beta_2\right)^2 = (\mathfrak{v} - \cot\beta_2)^2 \quad 53''$$

Für H_A gilt wie für das Einzelrad nach Gleichung 3″:

$$H_A = \frac{1}{g} u_2 (u_2 - c_0 \cot\beta_2)$$

Zur Entwickelung der Schaufelform für eine gewisse normale Radgeschwindigkeit u_2 kann auch ein graphisches Verfahren wie jenes, das im Abschnitt 7 erläutert wurde, angewandt werden. Der Unterschied liegt nur in einigen Rechnungsgrößen: für die mehrstufige Pumpe treten die Größen $\frac{H_n}{i}$ $\frac{\zeta_s}{i}$ $\frac{\zeta_d}{i}$ und $\frac{1}{i}$ an die Stelle der Größen H_n ζ_s ζ_d und 1 im Ausdruck für $(\zeta_\Sigma + 1)$.

Mit der mehrstufigen Pumpe werde nun ein Einzelrad verglichen, das so eingerichtet sei wie jedes der Räder der mehrstufigen Pumpe; es soll so betrieben werden, daß es die ganze Wassermenge Q der Pumpe auf die Höhe $\left(\frac{H_n}{i}\right)$ zu heben vermag. Die Wassergeschwindigkeit muß also in beiden Pumpen denselben Wert haben, wogegen die Radgeschwindigkeit u_2' des Einzelrades etwas größer als jene der mehrstufigen Pumpe gehalten werden muß, was sich aus folgender Überlegung erkennen läßt.

Zunächst gilt für die mehrstufige Pumpe

$$\frac{1}{g} u_2 (u_2 - c_0 \cot\beta_2) = H_A = \frac{H_n}{i} + \frac{c_0^2}{2g}\left[\frac{\zeta_s}{i} + \zeta_r(1+\cot^2\beta_2) + \zeta_l(1+\cot^2\alpha_3) + \frac{\zeta_d}{i} + \frac{1}{i}\right]. \quad 54$$

Verschieden davon gilt für das Einzelrad

$$\frac{1}{g} u_2' (u_2' - c_0 \cot\beta_2) = H_A' = \frac{H_n}{i} + \frac{c_0^2}{2g}\left[\zeta_s + \zeta_r(1+\cot^2\beta_2) + \zeta_e(1+\cot^2\alpha_3) + \zeta_d' + 1\right] + H_{v1} + H_{v2}. \quad 55$$

Weil die Radarbeitshöhen H_A und H_A' schon wegen der Verschiedenheit der Klammerausdrücke nicht gleich groß sind, so können auch die linksseitigen Ausdrücke nicht gleich groß sein. Wenn also bei der Radgeschwindigkeit u_2 der Betrieb der mehrstufigen Pumpe stoßfrei ist, so wird der Betrieb bei der davon abweichenden Radgeschwindigkeit u_2' mit Stoßwirkung vor sich gehen; deshalb sind auch in Gleichung 55 noch die Stoßverlusthöhen H_{v1} und H_{v2} hinzugesetzt worden.

Zunächst seien noch die Glieder $\frac{\zeta_d}{i}$ und ζ_d' der beiden rechtsseitigen Klammerausdrücke miteinander verglichen. Nach Abschnitt 8 ist $\zeta_d = \lambda \frac{l_d}{d_d}$ worin l_d und d_d die Länge und den Durchmesser der Druckleitung (von der Pumpe bis zur Steigrohrmündung) bedeuten.

Das Glied $\frac{\zeta_d}{i}$ in Gleichung 54 ist also gleich $\frac{\lambda}{i} \frac{l_d}{d_d} = \frac{\lambda}{d_d} \cdot \frac{l_d}{i}$. Für das Einzelrad mit der Steighöhe $\left(\frac{H_n}{i}\right)$ ist die Rohrlänge $l_d' \doteq \frac{l_d}{i}$*), also ist in Gleichung 55 die Zahl $\zeta_d' = \lambda \frac{l'_d}{i} = \frac{\lambda}{d_d}$ mithin ebenso groß wie die Größe $\frac{\zeta_d}{i}$ in Gleichung 54. Die rechtsseitigen Glieder dieser Gleichungen unterscheiden sich in den Klammern nur in den ersten und letzten Größen: $\frac{\zeta_s + 1}{i}$ in Gleich. 54 und $\zeta_s + 1$ in Gleich. 55; deshalb schon und dann noch wegen des Hinzutretens der Größen $H_{v1} + H_{v2}$ in Gleichung 55 ist H_A' merklich größer als H_A. Darum ist nun auch u_2' größer als u_2 zu halten, wie die linksseitigen Glieder der Gleichungen erkennen lassen. Der Betrieb des zum Vergleich herangezogenen Einzelrades ist also nicht mehr ganz stoßfrei.

---

*) Es wird angenommen, daß die Saugleitungen in beiden Anlagen gleichgestaltet seien und die Druckleitungen in derselben gleichmäßigen Steigung, dann stehen die Längen der Druckleitungen im Verhältnis der Höhen, also ist $l_d : l_d' = (H_n - H_s) : \left(\frac{H_n}{i} - H_s\right)$; in demselben Verhältnisse stehen auch die Widerstandsziffern ζ_d und ζ_d'. Für das Einzelrad ist daher in die Gleichung 55 $\zeta_d' = \zeta_d \cdot \frac{\frac{H_n}{i} - H_s}{H_n - H_s}$ einzusetzen. Wenn H_n sehr groß ist im Vergleich zu H_s, darf $\zeta_d' = \zeta_d \frac{1}{i}$ gesetzt werden, also so groß wie das auf die Druckleitung bezügliche Glied im Ausdruck der Gleichung 54.

Die hydraulischen Wirkungsgrade stellen sich auf

$\eta = \frac{H_n}{iH_A}$ für die mehrstufige Pumpe,

$\eta' = \left(\frac{H_n}{i}\right) : H_A' = \frac{H_n}{iH_A'}$ für das verglichene Einzelrad;

demnach ist wegen $H_A < H_A'$ zu setzen $\eta > \eta'$, denn es ist:

$$\eta : \eta' = H_A' : H_A.$$

Gedruckt bei
Rosenthal & Co.
Berlin SO.
Rungestrasse 20.

FSC
www.fsc.org
MIX
Papier | Fördert gute Waldnutzung
FSC® C083411

Zeitfracht Medien GmbH
Ferdinand-Jühlke-Straße 7
99095 Erfurt, Deutschland
produktsicherheit@kolibri360.de